中国环境设计学年奖

第十一届全国高校环境设计专业毕业设计竞赛获奖作品集

中国环境设计学年奖组织委员会　编

中国建筑工业出版社

[编委]

主　编：郑曙旸

编委会：（按姓氏笔画排序）

王泽猛　王铁军　朱　力　朱海昆　许东亮　许懋彦
孙　澄　杨茂川　杨豪中　李　沙　肖毅强　谷彦彬
沈　康　张　昕　张　鲲　陈　易　陈华新　邵　健
周长积　郝洛西　姚　领　夏海山　郭立群　唐　建
常志刚　詹庆旋　黎志伟

[前言]

2011年和2012年,国务院学位委员会、教育部先后印发《学位授予和人才培养学科目录(2011年)》、《普通高等学校本科专业目录(2012年)》。在艺术学成为学科门类的背景下,设计学升级为一级学科,"环境设计"的专业称谓在两个目录中得以确立,顺应学科与专业目录的调整,学年奖从2012年的第10届更名为"中国环境设计学年奖"。

环境设计专业名称的改变,不仅是一个简单的词组转换,而是重塑价值观念的专业教育变革。这就是符合可持续设计教育的发展战略定位,其核心在于三种观念的建构。(1)价值观:物质与精神需求的适度融会,从消费文化观到生活幸福观;(2)审美观:时空一体完整和谐的审美观,从传统美学观到环境美学观;(3)设计观:实现功能与审美的高度统一,从产品设计观到环境设计观。

"实施创新驱动发展战略",是继中国面向未来发展的科教兴国战略、人才强国战略、可持续发展战略之后的又一重大决策。对于设计学学科而言,面向生态文明建设的可持续发展属性,是时代赋予设计学的本质内核。可持续发展的设计学属性具有战略层面的意义,是关乎国家发展的方向性问题,事关前进的路线,正如十八大报告所言:"道路关乎党的命脉,关乎国家前途、民族命运、人民幸福。"即使放眼世界同样关乎人类前途、命运、幸福。因此,四项战略成为具有内在逻辑互为因果的发展体系,同样是环境设计专业发展方向的总路线。

在时代发展的大背景下,在中国经济发展模式的转型期,中国高等学校设计学环境设计专业方向的发展,同样面临重新定位的考验。重要的问题在于要从相关学科的传统阵地中挤出自己的位置。城市规划、建筑、风景园林是与人居环境建设相关的传统学科,环境设计则是一门既古老又年轻的新兴学科。要说古老,在于其理念符合中国传统文化系统综合的哲学思想体系;要说年轻,在于其理念符合人居环境建设可持续设计的发展定位。虽然观念先进却并不意味着一定成功,现在的工作就是要找到夹缝中生存的技术路线图。

环境设计是一门观念宏观而技术微观的学科,现在的状态正好相反——观念微观而技术宏观,并逐渐成为一种发展趋势,这一点在近年的学年奖获奖作品有着不同程度的反映。

大处着眼,小处着手,在细微处见功夫,应该成为环境设计教育教学的总方针。大处着眼,是说每一项设计或课题的预设目标,都要放眼于所处环境的经济、政治、社会、文化背景,找准发展的定位,确立合适的概念目标;小处着手,是说每一项设计或课题的实操程序,都要着手与所处项目的材料、构造、尺度、肌理等要素,优选最佳的方案,确定可控的实施程序;在细微处见功夫,则是指无论宏观还是微观都要以环境体验的设计观念为准绳,按照人在不同环境的行为情境来进行设计控制。

"雄关漫道真如铁,而今迈步从头越。"中国环境设计的专业之路,要靠每一步坚实的脚印铺就。步步印记,小中见大,面向未来,无限光明。

郑曙旸
2013年10月4日10:35 于G71次车厢

》目录

建筑设计　001

城市设计　057

景观设计　087

室内设计　135

高职高专 景观设计	高职高专 室内设计	光与空间
183	195	211

中国环境设计学年奖

建筑设计

最佳创意奖

金奖

团地再生——国贸计划经济时代住区的改造与设计
学校：清华大学美术学院环境艺术设计系　　指导老师：刘北光　　学生：董孟秋　　002

引入"生态观"的绿色建构木构建造
学校：南京艺术学院设计学院　　指导老师：施煜庭　徐旻培　邬烈炎　　学生：张鸣　郑明跃　马飞宇　　006

银奖

开放的城市多面体
学校：同济大学建筑与城市规划学院建筑系　　指导老师：王方戟　　学生：曾雅涵　　010

网中巢——树屋酒店设计
学校：广州美术学院建筑艺术设计学院　　指导老师：卢海峰　　学生：王泽雄　　013

魔幻现实主义的高密东北乡
学校：四川大学环境艺术设计系　　指导老师：唐智新　　学生：金濡欣　　016

铜奖

拖着箱子去旅行
学校：广东工业大学艺术设计学院环境艺术设计系　　指导老师：吴傲冰　　学生：蔡逸舟　陈照　　019

雕塑博物馆
学校：广州美术学院建筑艺术设计学院　　指导老师：林红　　学生：潘智维　　021

重生——参数化展亭设计
学校：南京艺术学院设计学院　　指导老师：徐炯　詹和平
学生：刘洪锁　孔祥天娇　顾晓慧　杨帅　易锋　赵培淑　张楚浛　史玙　赵亚楠　戴钰　祝羚　　023

家——居家型老年住宅研究改造
学校：三亚学院艺术学院　　指导老师：陈琳　陈博　　学生：何惠芬　　025

"自由行"主题旅馆设计
学校：黄山学院艺术学院　　指导老师：李明　　学生：高成　李尧雄　潘泳　刘晓慧　卢帅　　027

最佳设计奖

金奖

闹市中的草台班
学校：同济大学建筑与城市规划学院建筑系　　指导老师：王方戟　孙澄宇　　学生：沈子美　　029

新八和会馆设计
学校：华南理工大学建筑学院　　指导老师：冯江　徐好好　禤文昊　　学生：陈倩仪　　031

银奖

新八和会馆设计——虎度门
学校：华南理工大学建筑学院　　指导老师：冯江　　学生：彭颖睿　　035

延续与发展——重庆特钢厂片区空间城市设计与特钢工业文化中心建筑单体设计
学校：哈尔滨工业大学建筑学院建筑系　　指导老师：陆诗亮　张宇　　学生：金盈盈　　038

阶的衍想——温岭文化馆设计
学校：中国美术学院上海设计学院　　指导老师：曹炜　　学生：吴岱　陆柯帆　王贝特　王秋诗　　041

铜奖

张大千孙云生美术馆暨（台湾）文化创意产业园建筑及规划概念设计
学校：江南大学设计学院环境设计与建筑学系　　指导老师：杨茂川　门坤玲　孙立新　　学生：李卓　　044

"连立方"——重庆特钢厂活动中心
学校：哈尔滨工业大学建筑学院建筑系　　指导老师：陆诗亮　张宇　　学生：张岩　　046

少即是多——地景式建筑设计·哈尔滨中东铁路历史文化中心设计
学校：哈尔滨工业大学建筑学院建筑系　　指导老师：吴健梅　刘滢　　学生：顾丽丽　　048

新生重生
学校：哈尔滨工业大学建筑学院建筑系　　指导老师：徐洪澎　朱莹　　学生：王墨晗　　050

松花江畔 Villiage 建筑设计方案
学校：东北师范大学美术学院　　指导老师：王铁军　刘治龙　　学生：邢斐　　052

无域之滨——莲塘·香园围口岸联检大楼设计
学校：哈尔滨工业大学建筑学院建筑系　　指导老师：于戈　　学生：王鲁丽　　054

城市设计

金奖

紧密城市
学校：同济大学建筑与城市规划学院建筑系　　指导老师：王桢栋　袁烽　　学生：文凡　等　　058

"工业精神"的继承与历史住区的再生——195叁青年生活社区概念设计
学校：东北师范大学美术学院　　指导老师：王铁军　刘学文　刘治龙　　学生：罗田　　062

银奖

芦墟镇小尺度更新实验——区域A更新设计
学校：同济大学建筑与城市规划学院建筑系　　指导老师：沙永杰　　学生：徐涤非　吴熠丰　　066

戛洒镇花腰傣聚落生态景观战略规划
学校：西南林业大学艺术学院　　指导老师：李锐　徐钊　夏冬　包蓉　郭晶　郑绍江
学生：蒋强苧　刘晓丹　陈熙　曾欢　张天渠　余英　国栋　　069

低碳、低术、低生活——农民工工地生活空间景观策略
学校：福建农林大学艺术学院艺术设计系　　指导老师：郑洪乐　　学生：高东东　　072

城·村共融——重建广州海珠区泰宁村
学校：广州美术学院建筑艺术设计学院　　指导老师：杨一丁　李致尧　吴锦江　　学生：谢志艺　　074

铜奖

岭南·工园
学校：华南理工大学建筑学院　　指导老师：周剑云　戚冬瑾　黄铎　　学生：何岸咏　林康强　黄倩　　077

生命的拯救——新城区避难广场设计
学校：南京工业大学建筑学院环境设计系　　指导老师：冯阳　李炳南　　学生：张亚梅　李楠　陈大彪　　079

重拾被遗忘 DE CHUN CUI——长春第一汽车制造厂厂前宿舍区公共空间再生计划
学校：东北师范大学美术学院　　指导老师：王铁军　刘学文　刘治龙　　学生：尹春然　　081

LIGHT·城市公共空间小型构筑体概念设计
学校：华南农业大学林学院风景园林与城市规划系　　指导老师：吴宝娜　　学生：曾舜怡　　083

西安市中心城区慢行交通系统构建研究
学校：西安理工大学环境艺术系　　指导老师：李皓　　学生：王蔷薇　王玲　　084

涅槃古民居生活空间
学校：福建农林大学艺术学院艺术设计系　　指导老师：郑洪乐　　学生：张玉辉　　085

景观设计

金奖

芦山县玉溪河北段景观设计
学校：四川美术学院建筑艺术系　　指导老师：邓楠　　学生：田乐　胡承泰　和楫川　　088

跨界线——关于美丽与共生的一场约会
学校：福州大学厦门工艺美术学院环境艺术设计　　指导老师：卢永木　吴抒玲　　学生：赖泉元　李奥琦　　092

银奖

"学院派"艺术区——构建清华大学东南部学院派艺术区
学校：清华大学美术学院环境艺术设计系　　指导老师：郑曙旸　　学生：苗雨晴　　096

影山·隐水
学校：昆明理工大学艺术与传媒学院　　指导老师：张建国　　学生：朱柏霖　朱敏　黄兴彬　王雪丽　张征　　100

唤醒——重庆牛角沱城市立体化空间设计
学校：四川美术学院环境艺术系　　指导老师：张倩　许亮　　学生：马光　郑剑　　102

乡土红——古村落路径景观因子激活设计
学校：福建农林大学艺术学院艺术设计系　　指导老师：郑洪乐　　学生：陈宽明　　105

铜奖

南京明故宫遗址公园艺术互动概念设计
学校：广州美术学院建筑艺术设计学院　　指导老师：杨一丁　　学生：曹鹤　　107

中国环境设计学年奖

最佳创意奖

铜奖

迹忆
学校：华南理工大学设计学院　　指导老师：梁明捷　郑莉　李莉　薛颖　朱琦聪
学生：夏凡　黄柳青　夏先雄　　　　　　　　　　　　　　　　　　　　108

交通枢纽下的社区景观生态环
学校：北京服装学院艺术设计系　　指导老师：董治年　　学生：王一鼎　　109

南溪湿地局部景观设计
学校：吉林建筑大学艺术设计学院　　指导老师：郑馨　　学生：冯上尚　　110

海绵城市：雨水的回归与利用——基于雨水花园系统散点式疏导设计
学校：深圳大学艺术设计学院环境艺术设计系　　指导老师：李微　　学生：邹曙光　　111

最佳设计奖

金奖

东莞芙蓉故里规划及景观设计
学校：华南理工大学建筑学院　　指导老师：孙卫国　　学生：谭景行　尹旻　陈梦君　何小雯　黎英健　　112

西安"杜陵"遗址生态景观规划设计
学校：西安建筑科技大学艺术学院　　指导老师：吕小辉　杨豪中　　学生：古丽娜　姚苗苗　袁晶晶　　116

银奖

杜陵华夏百家苑景观设计
学校：西安建筑科技大学艺术学院　　指导老师：吕小辉　杨豪中　　学生：李启　王晓　李頔　　120

桥·园——国贸立交桥区域景观空间改造
学校：北京林业大学　　指导老师：公伟　刘长宜　　学生：张晓　赵洪莉　　122

宝鸡人民公园及南岸河堤景观带环境设计
学校：西安建筑科技大学艺术学院　　指导老师：张蔚萍　杨豪中　　学生：陈虎　马振　　126

生活土地的延续——福州双杭龙岭顶社区环境诊疗计划
学校：福建工程学院建筑与城乡规划学院　　指导老师：季铁男　徐伟　　学生：肖翊　　129

铜奖

衍生
学校：重庆大学艺术学院环境艺术设计　　指导老师：杨玲　　学生：陈诗雨　丁慧　　131

寻源——无锡雪浪山心灵修复主题公园设计
学校：江南大学设计学院环境设计与建筑学系　　指导老师：史明　　学生：李辛渊　　132

白虹贯日——滨海休闲湿地公园设计（个人参赛）
学校：青岛理工大学艺术学院　　指导老师：高磊　　学生：邵虹博　　133

运河之舞——临清运河门庄段景观廊道修复与再生设计
学校：广西师范大学设计学院　　指导老师：杨丽文　　学生：史金海　　134

室内设计

金奖

红楼一梦体验性主题酒店设计
学校：江南大学设计学院环境设计与建筑学系　　指导老师：宣炜　孙立新　林瑛　　学生：练春燕　　136

HOTEL O 设计成果篇——国家体育场赛后改造之酒店概念设计
学校：华南理工大学建筑学院　　指导老师：姜文艺　　学生：梁嘉敏　郑惠婷　　140

银奖

插入式公寓——预制型住宅设计
学校：宁波大学科学技术学院设计艺术分院　　指导老师：查波　　学生：余海韵　蒋程琴　　143

边城——湘西民俗文化展览馆方案设计
学校：长春理工大学艺术设计系　　指导老师：包敏辰　梁旭方　刘绍洋　林立　高婷
学生：倪盛岚　杜延华　吴志文　周义　张星星　　146

夹缝重生
学校：宁波大学科学技术学院设计艺术分院　　指导老师：查波　周韦纬　　学生：吴乾　袁奇伟　　149

最佳创意奖

铜奖

墨境
学校：内蒙古师范大学国际现代设计艺术学院　　指导老师：王鹏　　学生：蔡金猛　　152

元代瓷器博物馆——展陈空间设计
学校：北京工业大学环境艺术设计系　　指导老师：孙贝　　学生：王家懿　　154

古艺轩餐饮空间设计
学校：仲恺农业工程学院何香凝艺术设计学院　　指导老师：李树生　　学生：黄宏锋　　155

越极限 HOTEL X 赛后商事——国家体育场赛后改造室内设计
学校：华南理工大学建筑学院　　指导老师：姜文艺　　学生：姜宇君　姚伊迪　　156

视界·云南河口中越铁路大桥观景台设计
学校：昆明理工大学艺术与传媒学院　　指导老师：朱海昆　　学生：陈奕森　周冉　李升　刘文文　　157

创意工厂——和丰创意文化中心
学校：宁波大学科学技术学院设计艺术分院　　指导老师：查波　梅欹　　学生：俞骏　吴亚芸　　158

巢居——广州城中村住宅模式概念设计
学校：广东技术师范学院美术学院环境设计系　　指导老师：陈国兴　　学生：杨敏琪　洪杰　　159

最佳设计奖

金奖

"观自在"禅主题休闲会所设计
学校：江南大学设计学院环境设计与建筑学系　　指导老师：宣炜　孙立新　魏娜　　学生：李佳琦　　160

银奖

光之恋——主题酒店设计
学校：同济大学建筑与城市规划学院建筑系　　指导老师：左琰　　学生：蒋若薇　吴佶　　164

晋善晋美——体验性主题会所设计
学校：江南大学设计学院环境设计与建筑学系　　指导老师：宣炜　孙立新　林瑛　　学生：王凯　　167

粤和会苑
学校：广州美术学院继续教育学院环境艺术设计　　指导老师：李泰山　　学生：陈华庆　　170

"潮字号"酒店空间方案设计
学校：仲恺农业工程学院何香凝艺术设计学院　　指导老师：曹武　　学生：王镜皓　　173

铜奖

偶遇青绿山水——"云水谣"茶会所概念性设计
学校：福建农林大学艺术学院艺术设计系　　指导老师：陈顺和　　学生：洪琨鹏　　176

赛后商事——国家体育场赛后改造室内设计
学校：西安建筑科技大学艺术学院　　指导老师：刘晓军　田晓　杨豪中　　学生：吴颖　龚芷菲　郑爽　　177

"环"形馆——广州美术图书馆概念设计
学校：广东技术师范学院美术学院环境设计系　　指导老师：陈国兴　　学生：周业棉　　178

折·线——会所创意空间设计
学校：内蒙古工业大学建筑学院　　指导老师：田华　　学生：李世宇　　179

水月镜花——度假酒店会所
学校：广州美术学院继续教育学院环境艺术设计　　指导老师：钱缨　　学生：陈荣鑫　　180

江博士健康鞋旗舰店
学校：广州美术学院教育学院展示设计系　　指导老师：童小明　黄锐刚　　学生：蔡宇翔　　181

咖啡·饮吧
学校：吉林大学艺术学院环境艺术系　　指导老师：孟祥洋　　学生：董泽宏　　182

景观设计（高职高专）

金奖

二佛寺·涞滩古镇片区景观规划
学校：重庆工商职业学院传媒艺术学院　　指导老师：陈一颖　刘更　徐江
学生：王思宇　王洋　刘运军　彭杨　杨小维　白雪　　　　　　　　　　　　184

银奖

宁厂古镇空间规划与更新
学校：重庆工商职业学院传媒艺术学院　　指导老师：陈中杰　刘更　陈倬豪
学生：陈阳　田林技　官俊雯　吴晓舒　姜雯琦　　　　　　　　　　　　　187

城市·雨"生活"
学校：广东轻工职业技术学院/艺术设计学院　　指导老师：黄帼虹　学生：谢平　李丽珍　189

重庆·汉字博物馆
学校：重庆工商职业学院传媒艺术学院　　指导老师：张琦　刘更　何跃东
学生：肖曾玲　翁莉　刘维　魏祥华　邹雪梅　　　　　　　　　　　　　　191

铜奖

重振——巫溪县旧城伏鳞山片区城市设计
学校：重庆工商职业学院传媒艺术学院　　指导老师：徐江　陈中杰　赵娜
学生：朱先跃　叶红　舒宗川　张娟　杨黎　杨雪　　　　　　　　　　　　193

回，乃转也——惠山古镇历史街区规划改造方案
学校：中国美术学院艺术设计职业技术学院　　指导老师：胡佳
学生：朱晓慧　沈佳燕　陈雅思　王晓娜　林欣欣　储西路　　　　　　　　194

室内设计（高职高专）

金奖

山居堂
学校：顺德职业技术学院设计学院　　指导老师：周峻岭
学生：罗月明　曾运金　罗惠明　卢婉婷　李湘莲　陈广佑　郑丕显　高嘉琪　黄紫萍　庞宝春　196

清莹·碧绿——SPA养生休闲会所设计方案
学校：广东轻工职业技术学院/艺术设计学院　　指导老师：赵飞乐　尹铂　尹杨坚
学生：辜冠勋　杨显文　林荣雨　　　　　　　　　　　　　　　　　　　　199

银奖

沉睡的革命·黄花岗起义纪念馆设计
学校：广东轻工职业技术学院/艺术设计学院　　指导老师：赵飞乐　尹铂　尹杨坚　　学生：颜凡淋　202

禅——菩提树下
学校：中国美术学院艺术设计职业技术学院　　指导老师：赵春光
学生：楼怡园　孙娇　张怡倩　董苏琼　张红柳　　　　　　　　　　　　　204

憧憬——始祖鸟旗舰店设计
学校：广东轻工职业技术学院/艺术设计学院　　指导老师：赵飞乐　尹铂　尹杨坚　　学生：冯伟钊　206

铜奖

山间故事——膳宿旅馆设计
学校：广东轻工职业技术学院/艺术设计学院　　指导老师：彭洁　　学生：陈彩筠　　208

主题西餐厅
学校：江西环境工程职业学院设计学院　　指导老师：唐石琪　欧俊锋　郭雪琳　刘定荣
学生：唐卓飞　温敏儒　王娜　　　　　　　　　　　　　　　　　　　　　209

黄花岗起义纪念馆
学校：广东轻工职业技术学院/艺术设计学院　　指导老师：赵飞乐　尹铂　尹杨坚　　学生：黄泽填　210

光与空间

金奖

服装店照明设计
学校：同济大学建筑与城市规划学院建筑系　　　指导老师：林怡　冯宏　　学生：蒋怡青　　212

银奖

"丹德利昂酒店"设计
学校：广州大学美术与设计学院　　指导老师：雷莹　　学生：龙振霏　李苑雯　　215

城市地平线之光
学校：同济大学建筑与城市规划学院建筑系　　　指导老师：林怡　　学生：戴菊人　等　　217

味之树——西餐厅方案设计
学校：长春理工大学艺术设计系　　指导老师：包敏辰　梁旭方　刘绍洋　林立　高婷
学生：陈建明　刘香均　房海峰　肖祎　武捷　　219

铜奖

光演绎的空间——精品酒店设计
学校：沈阳师范大学环境艺术设计系　　指导老师：白鹏　荆福全　赵宇南　学生：任大鹏　　221

边城——湘西民俗文化展览馆设计
学校：长春理工大学艺术设计系　　指导老师：包敏辰　梁旭方　刘绍洋　林立　高婷
学生：倪盛岚　杜延华　吴志文　周义　张星星　　222

憧憬——始祖鸟旗舰店设计
学校：广东轻工职业技术学院/艺术设计学院　　指导老师：赵飞乐　尹铂　尹杨坚　学生：冯伟钊　　223

龙舞源——湛江人龙舞文化博物馆
学校：广州美术学院教育学院展示设计系　　指导老师：黄锐刚　童小明　学生：李真勇　　224

光．景——餐饮空间多场景式光氛围设计
学校：天津大学仁爱学院　　指导老师：边小庆　　学生：薛明欣　　226

食客·空间
学校：长春理工大学艺术设计系　　指导老师：包敏辰　梁旭方　刘绍洋　林立　高婷
学生：吴志文　廖卫明　刘香均　武捷　闫召夏　　227

山水比德景观设计

金奖

芦山县玉溪河北段景观设计
学校：四川美术学院建筑艺术系　　指导老师：邓楠　　学生：田乐　胡承泰　和楫川　　088

银奖

东莞芙蓉故里规划及景观设计
学校：华南理工大学建筑学院　　指导老师：孙卫国　　学生：谭景行　尹旻　陈梦君　何小雯　黎英健　　112

杜陵华夏百家苑景观设计
学校：西安建筑科技大学艺术学院　　指导老师：吕小辉　杨豪中　学生：李启　王骁　李顿　　120

铜奖

跨界线——关于美丽与共生的一场约会
学校：福州大学厦门工艺美术学院环境艺术设计　　指导老师：卢永木　吴抒玲　学生：赖泉元　李奥琦　　092

交通枢纽下的社区景观生态环
学校：北京服装学院艺术设计系　　指导老师：董治年　　学生：王一鼎　　109

南京明故宫遗址公园艺术互动概念设计
学校：广州美术学院建筑艺术设计学院　　指导老师：杨一丁　　学生：曹鹤　　107

建筑设计

学校：清华大学美术学院环境艺术设计系　　指导老师：刘北光　　学生：董孟秋

团地再生——国贸计划经济时代住区的改造与设计

方案构成　①课题背景　②团地调研梳理分析　③设计部分　④图纸部分

团地再生
——国贸计划经济时代住区的改造与设计

学生：董孟秋
专业：艺术设计
（环境艺术设计方向）
指导老师：刘北光

1 课题背景

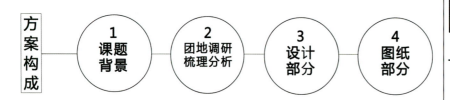

= ?

老旧建筑改造的现实意义：

1. 旧住宅构成了当前北京城市肌理的很大一部分，抹去旧住宅的肌理，是对整个城市的空间结构的破坏
2. 原住民大多属于老弱群体。落实赔偿问题以及安置被迁居民都是难题，处理不当会激化社会矛盾
3. 老建筑建筑的主体结构还非常坚固，改造的成本远低于重建。全盘拆除会产生大量的建筑垃圾，并且新建住宅往往因质量问题，而过早面临新一轮的拆除
4. 一个老住宅区的拆除，意味着它所承载的邻里关系的全面消失，这是城市文化层面的损失，是无法弥补的

2 团地调研与梳理分析

2.1 团地概况

光华里小区　团地　学校　国贸

A1 A2 A3栋　　B栋

C栋　　D栋

2.2 问题综述

A1 A2 A3栋
1. 早期户型的弊端——空间浪费、功能混杂、厨卫空间不足
2. 原有的户型不太适合住户老龄化的需求
3. 家庭成员增多，住房面积不够
4. 住户老龄化出行不便，生活自理不便
5. 层高过低
6. 没有阳台
7. 管线外露、老化

外环境与公共功能空间
1. 团地缺少干净舒适的外部公共活动空间
2. 老年人活动中心比较简陋，没有卫生站、理发店、便利店
3. 无业闲置人口较多
4. 棚户区造成严重的视觉污染、卫生污染、阻塞道路
5. 乱停车占道路
6. 没有舒适安全的儿童活动空间，公共设施缺乏
7. 景观荒芜，外部空间浪费

B栋
1. 原有的户型不太适合住户老龄化的需求
2. 住户老龄化出行不便，生活自理不便

D栋
1. 卫生间空间不足
2. 原有的户型不适合住户老龄化的需求
3. 住户老龄化出行不便，生活自理不便
4. 管线外露、老化

C栋
1. 户内功能混杂、厨卫空间不足
2. 原有的户型不适合住户老龄化的需求
3. 家庭成员增多，住房面积不够
4. 住户老龄化出行不便，生活自理不便
5. 管线外露、老化

2.3 问题梳理

1. 早期户型的弊端——空间浪费、功能混杂、厨卫空间不足
2. 原有的户型不适合住户老龄化的需求
3. 家庭成员增多，住房面积不够
4. 没有阳台
5. 层高过低
→ 户型问题

6. 住户老龄化出行不便，生活自理不便
7. 老年人活动中心比较简陋，没有卫生站、理发店、便利店
8. 无业闲置人口较多
9. 乱停车占道路
10. 公共设施缺乏
11. 团地缺少干净舒适的外部公共活动空间
12. 棚户区造成严重的视觉污染、卫生污染、阻塞道路
13. 没有舒适安全的儿童活动空间
14. 景观荒芜、外部空间浪费
→ 外环境与公共功能空间问题

15. 管线外露、老化
→ 设备问题

户型问题　公共功能问题　设备问题　外环境问题

2.4 解决对策

户型问题 → 户型改造
主旨与目标
a 早期不合理户型一律向起居型调整
b 普遍的适老化设计
c 为景观设计铺垫

外环境与公共功能空间问题 → 外环境与公共功能空间调整
主旨与目标
a 提高景观的利用率，构建有层次的系统
b 完善团地内部业态

设备问题 → 设备更新
主旨与目标
a 提高设备使用的安全性与便捷性

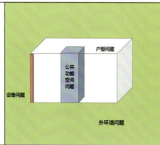

学校：清华大学美术学院环境艺术设计系　　指导老师：刘北光　　学生：董孟秋

3 设计部分

3.1 户型改造

户型特点与弊端 | 住户概况图 | 户型改造内容

改造后户型布局图

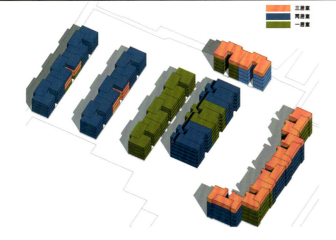

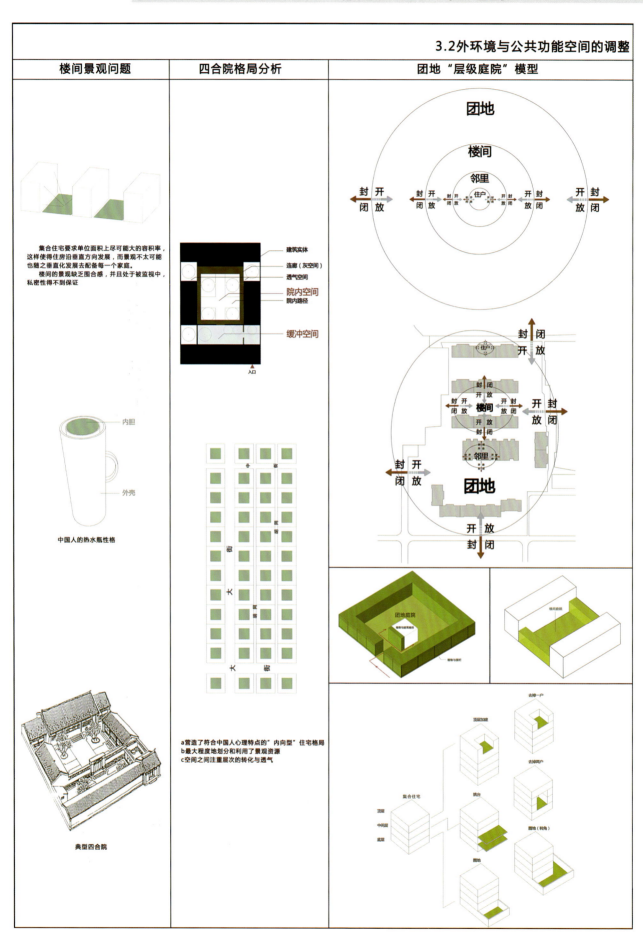

学校：清华大学美术学院环境艺术设计系　　指导老师：刘北光　　学生：董孟秋

3.3 管线设施外置

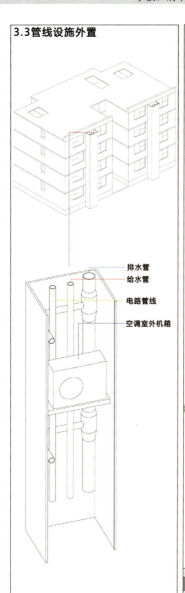

排水管
给水管
电路管线
空调室外机箱

4 图纸部分

4.1 改造后平面图

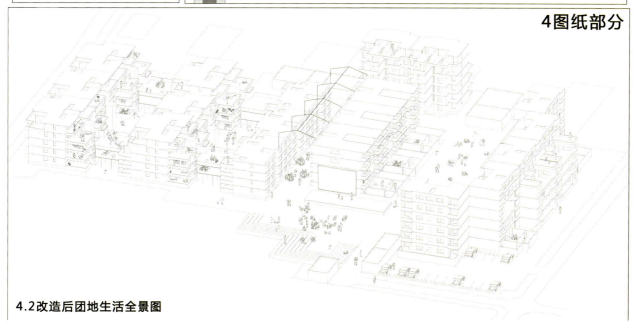

4.2 改造后团地生活全景图

引入"生态观"的绿色建构木构建造

"Wood Box" THE CAMPUS-STOP
"笼 /12.65m³"
引入"生态观"的绿色建构 / wooden structure construction

场地实景 Venue photos

场地调研
项目地址：设计学院广场

调研包括设计学院主教学楼,图书馆,设计学院广场以及设计学院左右车道,重点在设计学院广场,设计学院汽车通道车比较少,主要是临时性的停车,东边车道为主车道,是通往人文学院与演艺大楼的主要通道。

主教学楼有六层高,满足不同之需,四层的图书馆是有有色玻璃幕墙的建筑物,设计学院广场地面较高,视线开阔,采光全面,且面积较大,做相对性较大的建筑物比较合适。

Research design institute main teaching building, library, drive around, and the design institute, design institute square key in square design institute. Design institute of west lane open to traffic is less, the main is a temporary parking, east lane lane is given priority to, is the main channel to the college of humanities and deduce the building.

The main building has six floors, meet different needs, the four floors of the library is stained glass curtain wall of building, school of design square ground is higher, the line of sight, daylighting is comprehensive, open and larger area, relative larger buildings are more appropriate.

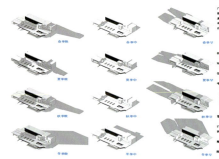

Visual analysis

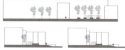

视角分析及日照

可视角度是设计的要点,角度分析的好,会提高整体设计的质量,针对设计学院广场这样的一个属于半开放的场地,就需要考虑到参观者的视线范围。

Viewing Angle is the main points of the design, good Angle analysis, can improve the quality of the overall design, for such a design school square belongs to the field of half open, just the sight of visitors need to be taken into account.

流线及视觉分析

场地流线分析

在这块场地的视野上,就只有向南面的方向才有相对空旷的视野,西紧邻的就是设计院主楼,在主楼前有着郁郁葱葱的绿化带。

西面就是设计院图书馆,而从外部进入设计院广场人群的基本视野必定要经过这块空地。

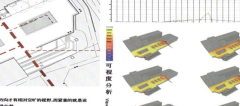

视线分析 The line of sight analysis
可视角度是设计的要点,角度分析的好,会提高整体设计的质量,针对设计学院广场这样的一个属于半开放的场地,就需要考虑到参观者的视线范围。

Viewing Angle is the main points of the design, good Angle analysis, can improve the quality of the overall design, for such a design school square belongs to the field of half open, just the sight of visitors need to be taken into account.

视觉注意力分析 Analysis of visual attention

建造用于广场主要入口处,就是在主通道的参数化设计,其次是学长的参数化,建造后,从图书馆角度来看,我们的建筑物应该是视觉的中心点,从主教学楼以及东西车道看由于角度及距离的原因比较大的参数化是视觉的中心,依次内其他小的建筑物成之。

Before building from the main entrance square, parametric design of visual center is in the main, followed by senior parameterization. After construction, from the library perspective, our building is supposed to be the center of the visual, from the main teaching building and the east lane, because the cause of the Angle and distance, the larger is the center of the visual parameterization, in turn, to other small buildings.

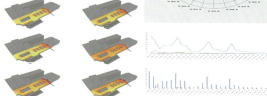
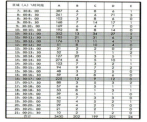

可视度分析 Visibility analysis
图表主要从平面及三维角度对可视度进行设计,得出了绝对可视面积,规划可视度指数指建筑用墙一定范围的区域对于指定建筑的可视程度。可视计算结果包括绝对可视面积,采样点可视百分比以及特样可百分率等等,对于广场的言可视度比较大的好,及地对隐藏的空地比。

Chart is mainly from the perspective of planar and 3 d visibility computation, absolute visual area is obtained. the calculation results including absolute visual area, sampling points visible percentage of square visibility is relatively good.

"Wood Box" THE CAMPUS-STOP
"笼 /12.65m³"
引入"生态观"的绿色建构 / wooden structure construction

学校：南京艺术学院设计学院　　指导老师：施煜庭　徐旻培　邬烈炎　　学生：张鸣　郑明跃　马飞宇

Scheme 1:　功能性设计

广场中央天井交通流线较少，热辐射条件较好并且建筑可视度较好。处于设计院建筑群的中心位置，而且全年光照条件较好，没有遮挡物十分适合人们休憩娱乐。
东西向为主要框架，对整个结构起到支撑作用。竖向结构以三角形为主要形式元素，南北向与天井的形线条呼应。
与两侧框架平行的是连接杆。在连接各单元的同时上边的吊灯在夜里可以起到照明作用。横向的木板以主框架的斜向骨架连接，形成阶梯形体憩空间。

Scheme 2:　仿生形设计

视觉效果是此方案重点表现的方面的途径，就像我们看见绿色植物会让我们感觉心情愉快一样，当看到一个形态自然，富有生命力的建筑，你一样也能感觉到大自然的魔力，心情愉悦的。
从形似而达到神似，让人感受到这个建筑并不是冰冷的混凝土，而是一个富有活力的生命体，满足人们心理上的某种需要。

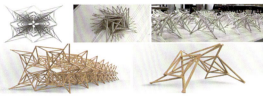 

Scheme 3:　结构型设计

从简单的木条插接结构，形成构成的立面，发散至整个建筑物，并定制特殊的结构件，设计成独特的剪刀式的主体支承结构。
形态上企满足简单的校园休憩的功能同时进行错综复杂的交错搭建。
每个面都是由多个模数构成，首先我们是在计算机上模拟构建形态，然后搭建草模。在简单的形态成形之后，确立最终的大模型形态。

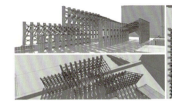 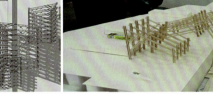

Scheme 4:　模数化搭建

模数应用是建筑技术现代化的重要标志，也是技术和艺术结合的产物。模数化是建筑设计标准化、施工机械化、装配化和构件生产工厂化的必由之路。
方案结合人流分析关系，视觉分析数据等科学手段，再套用模数"来确定建筑物的所有尺寸，生成建筑所需要的功能空间，划分完毕后根据结构形态衍生搭建出整个建筑。

前期方案汇总

"Wood Box" THE CAMPUS-STOP

"笼 /12.65m³"

引入"生态观"的绿色建构 / wooden structure construction

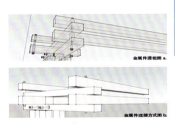 

 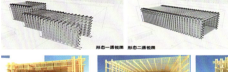

方案形态及演变
Proposal form and evolve

 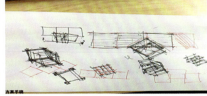

形态设计思路：

功能上，本案应是可以穿越，可供休息、娱乐、展示的公共空间。
分析与周边建筑的对应关系，最顾不破坏建筑与环境的协调性，故将整体的造型设计成利用率最高的长方形。

Analysis of corresponding relationship with surrounding buildings, both without destroying buildings and the environment coordination, so the overall modelling design into the highest utilization rate of rectangular.

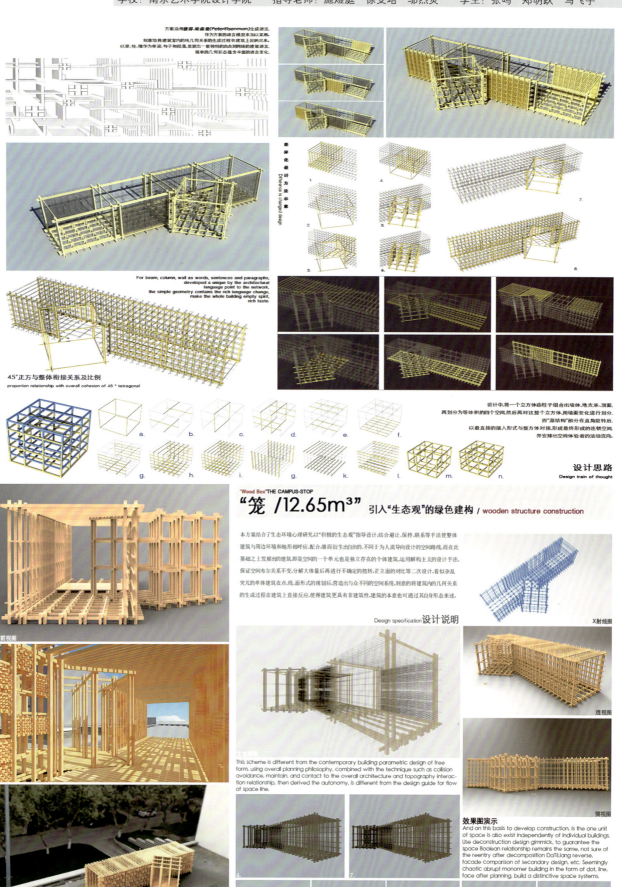

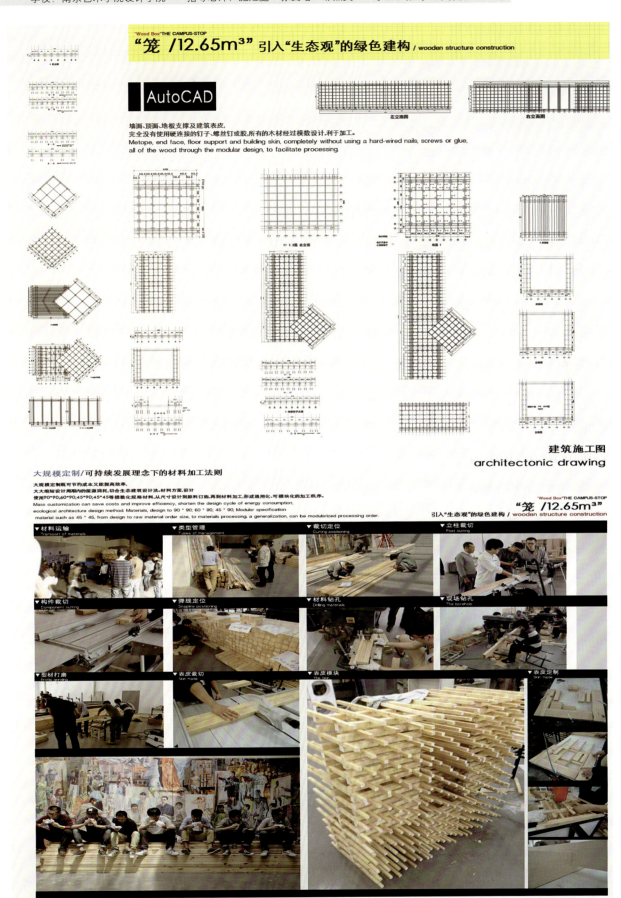

学校：同济大学建筑与城市规划学院建筑系　　指导老师：王方戟　　学生：曾雅涵

开放的城市多面体

总平面图 S=1/8000

开放的城市多面体
北京天桥演艺区重点地段城市设计与建筑设计
曾雅涵 | 同济大学 | 指导老师 | 王方戟

基地附近的自然博物馆和天桥剧院以雄伟的姿态傲立于城市道路南中轴边，又和天桥剧院及天桥广场形成了次级轴线。单向的正立面与基地达成了形式上的契合，但其实际是作为封闭的客体存在，与人关系疏远。

类似地，新的剧院处于宽阔的城市级公共空间中央和社区级街道北纬路的尽头。从前的单面策略已经不能适应于新的城市关系——具有漫游吸引力的城市空间。来自各个不同方向的人需要接近建筑。新的剧院作为城市多面体不再区分正、背面，而是被数个"正面"包裹，借助特定的功能体量把握空间的连续性及权属实现开放的姿态以迎接各个方向的人。多面的状态让进入或者经过建筑的人凭借多个可能性，从而感受到空间的自由属性。另一方面建筑还提供了许多未被清晰定义的区域，扩大了建筑的使用族群，方便建筑成为能容纳发展民俗艺术活动的场所。

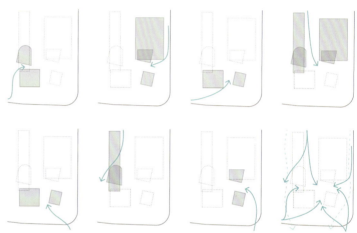

建筑具备多个正面以应对新的城市关系，不同的面被来自不同方向的人接近

学校：同济大学建筑与城市规划学院建筑系　　指导老师：王方戟　　学生：曾雅涵

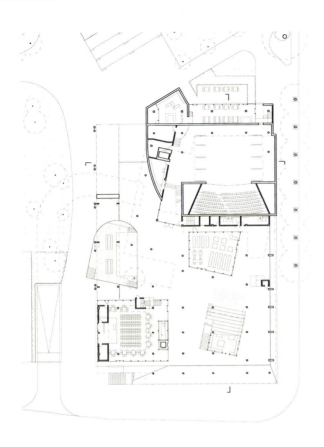
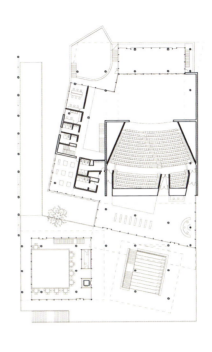

左上：底层平面图　S=1/800
右上：二层平面图　S=1/800

学校：同济大学建筑与城市规划学院建筑系　　指导老师：王方戟　　学生：曾雅涵

上：小剧场体量、小剧场门厅、一层书店和半室外空间之间的关系
下：剖面图 A-A　S=1/800

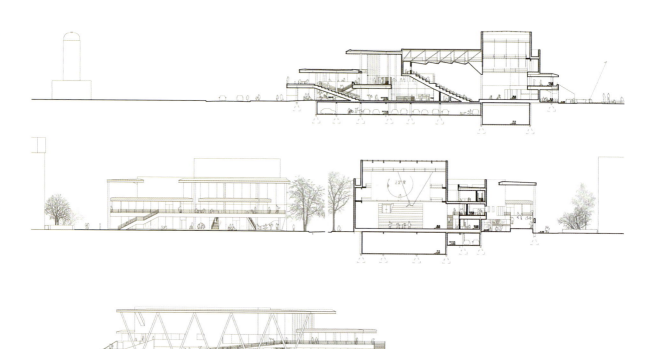

左上：南立面图　S=1/800
右上：剖面图 B-B　S=1/800
左下：西立面图　S=1/800
左下：一层空间与室外坡道、半地下庭院等的关联
右下：入口坡道与室外戏台、一层半室外空间及室外空间的关系

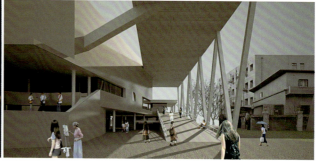

学校：广州美术学院建筑艺术设计学院　　指导老师：卢海峰　　学生：王泽雄

网中巢——树屋酒店设计

学校：广州美术学院建筑艺术设计学院　　指导老师：卢海峰　　学生：王泽雄

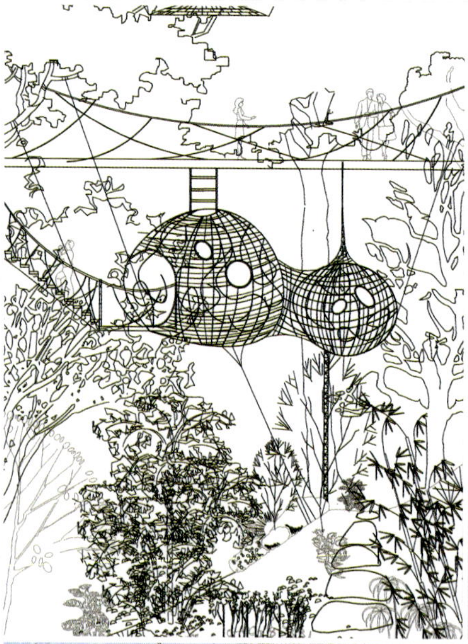

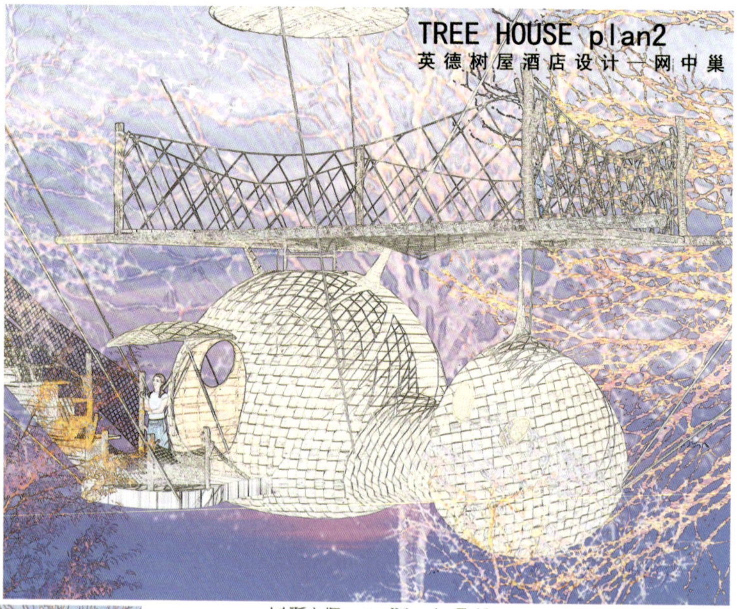

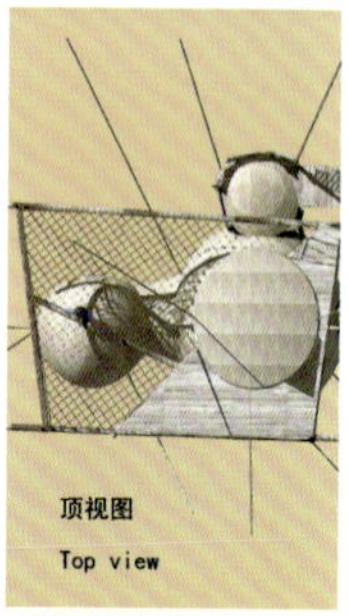

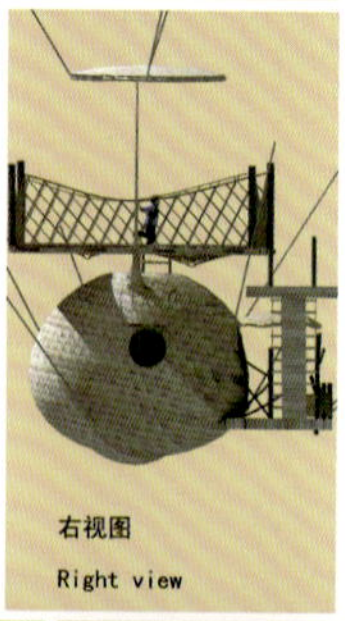

TREE HOUSE plan2
英德树屋酒店设计—网中巢

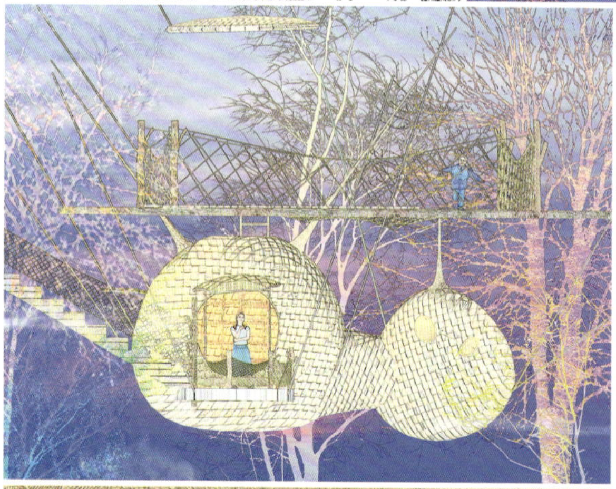

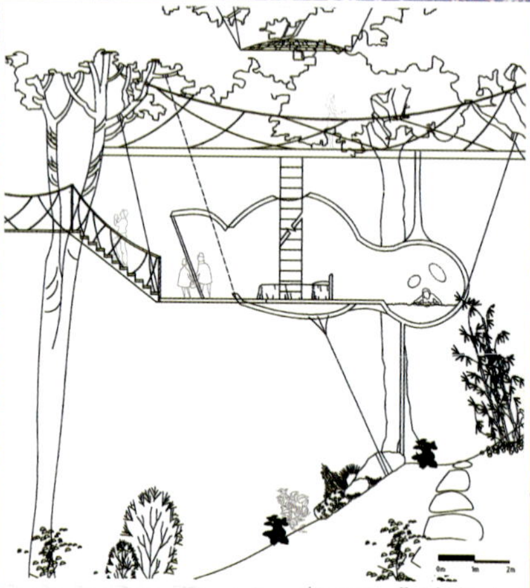

顶视图 Top view

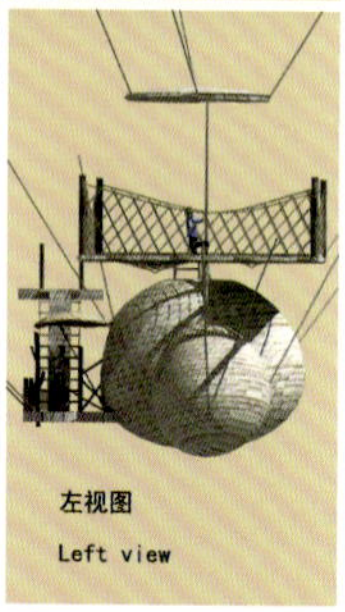

左视图 Left view

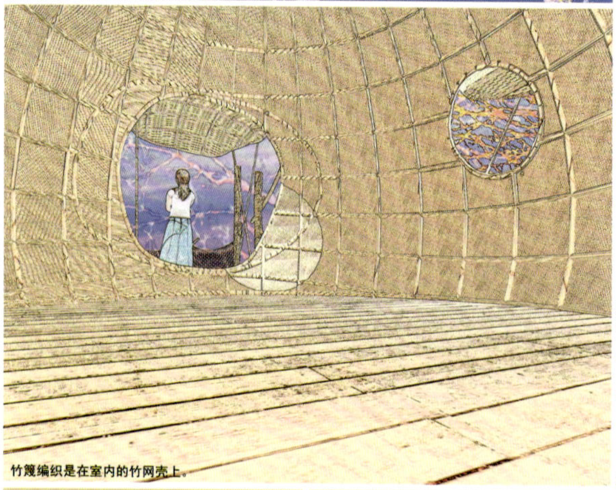

右视图 Right view

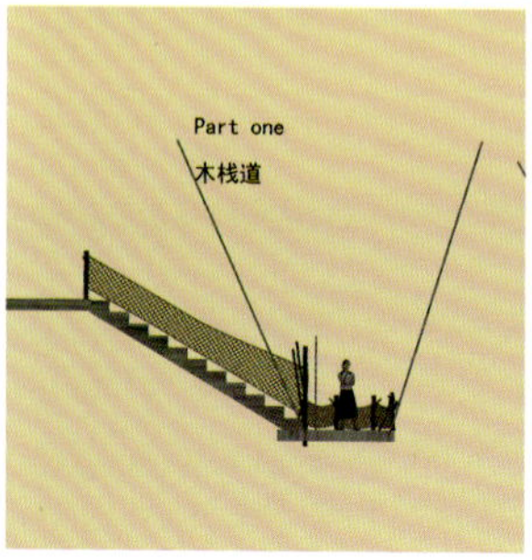

竹篾编织是在室内的竹网壳上。

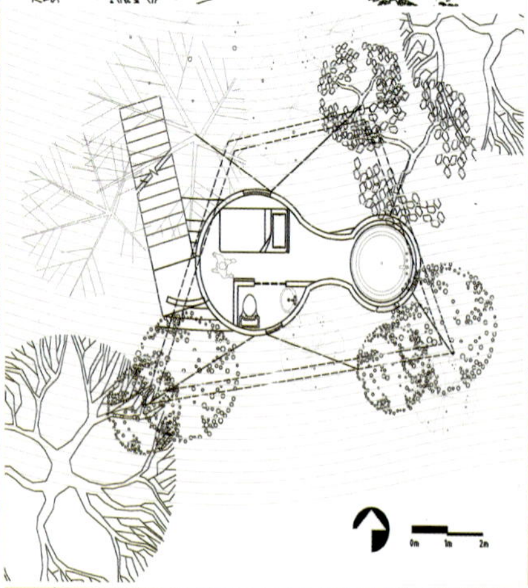

Part one 木栈道

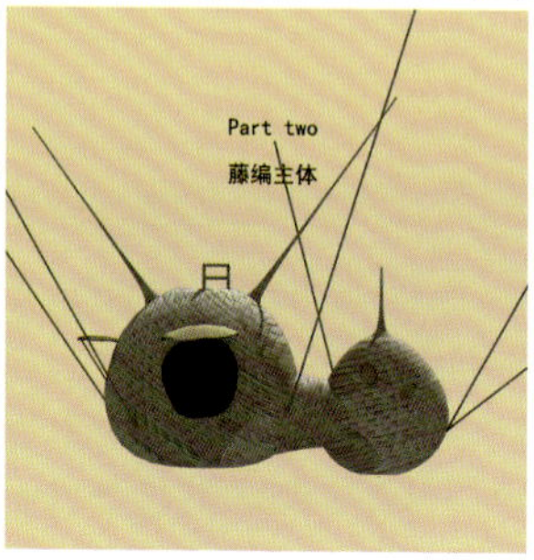

Part two 藤编主体

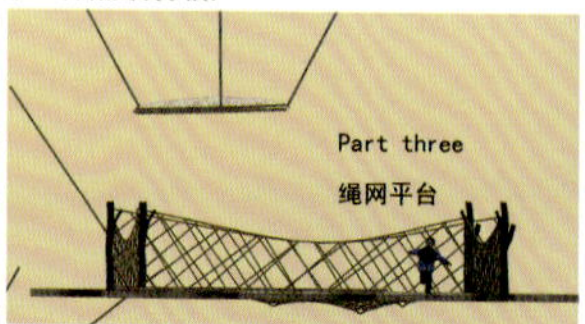

Part three 绳网平台

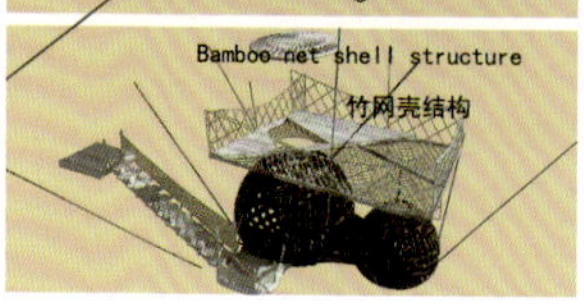

Bamboo net shell structure 竹网壳结构

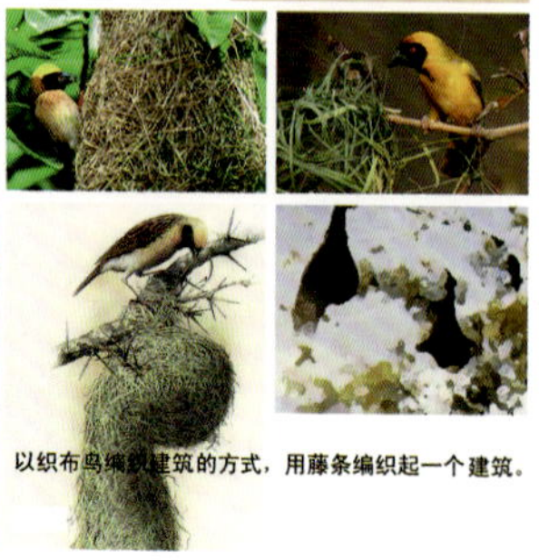

以织布鸟编织建筑的方式，用藤条编织起一个建筑。

学校：广州美术学院建筑艺术设计学院　　指导老师：卢海峰　　学生：王泽雄

中国环境设计学年奖 最佳创意奖——银奖 建筑设计

TREE HOUSE plan3
英德树屋酒店设计——网中巢

魔幻现实主义的高密东北乡 —— 高密之家社区活动中心建筑及景观设计方案

GAO MI ZHI JIA
The Architecture Design of the Community center of GAOMI

学校：四川大学环境艺术设计系　　指导老师：唐智新　　学生：金濡欣

是莫言书中的东北乡？张艺谋电影中的高粱地？它在现实中朴实无华，却可在家乡人的记忆中魔幻怒放。

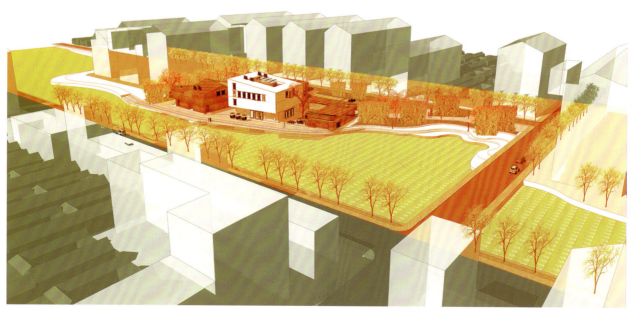

学校：四川大学环境艺术设计系　　指导老师：唐智新　　学生：金濡欣

随便从张地图上剪一张图，会发现普遍的山东小城市的城市发展特点与空间肌理：在没有很建发展和商业化的小城市中，城镇现代建筑与村居并存。其中，村居建镇的生长在慢发展下张的城市建筑群中。这张村图，是演变了的乡土民居，它当保留了当地的院落形式，但在时间中改变的很多，很多能代表地域民居特点的要素与特质被慢慢遗弃，也使我们难以判别它作为北方民居中的一支的地域特质。而所谓的城市建筑不过是在方盒子而已。这张方盒子离西方现代建筑差了很多层，说它是中国的建筑，又毫无地域语言，多数概括起来不过是——加了直交通的得，一种唯象的简单变形体。

建筑概念创作的基地选址

S0, 高密之家——高密市社区活动中心建筑及景观方案。就是通过这样的思考，通过尚密什么和对资料的控制与考察，寻找建筑属于靠东南区居的乡土建筑语言，对其进行现代的转译。而置于这样的城市整体脉中，表达出一种对话——介入着无特色的"现代"城市建筑与演变了的乡土民居之间的一种对话。

无特色的现代城市建筑　　对话中的高密之家　　演变了的乡土民居

学校：四川大学环境艺术设计系　　指导老师：唐智新　　学生：金濡欣

图书与多媒体中心

魔幻现实主义的高密东北乡

民艺馆与演绎中心

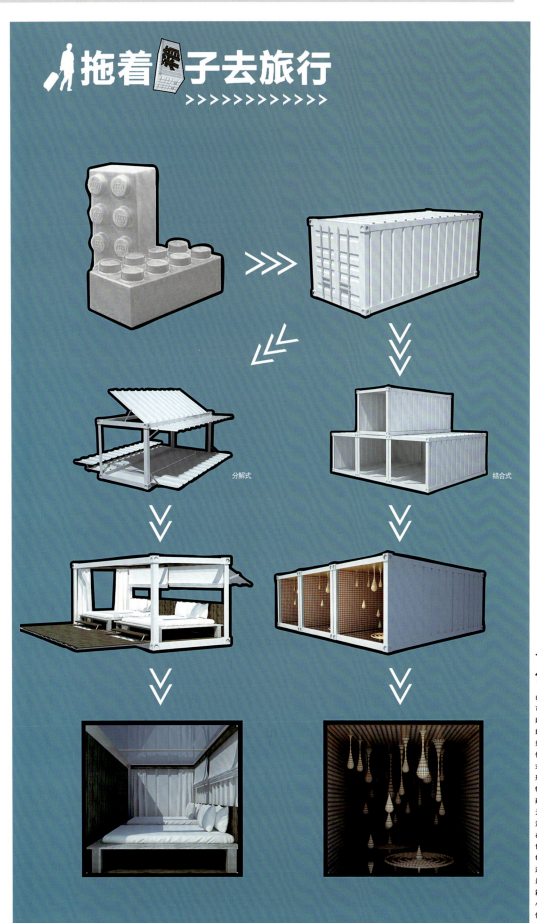

学校：广东工业大学艺术设计学院环境艺术设计系　　指导老师：吴傲冰　　学生：蔡逸舟　陈照

Geackeey 集客仓

集装箱组装成的多功能建筑空间，以纯白色为基调，赋予其它建筑材料加以修饰，一改集装箱粗犷单一的形象，打造出大气优雅的现代简约气息。

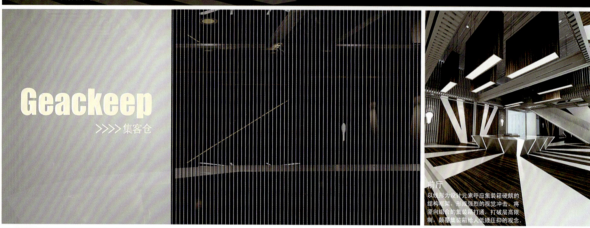

Geackeep >>>> 集客仓

前厅

以线形为设计元素呼应集装箱硬朗的结构框架，形成强烈的视觉冲击。将竖向组合的集装箱打通，打破层高限制，颠覆集装箱给人低矮压抑的观念。

通往二层楼梯特写

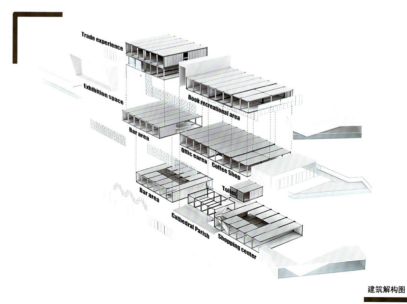

建筑解构图

学校：广州美术学院建筑艺术设计学院　　指导老师：林红　　学生：潘智维

雕塑博物馆

设计说明：
雕塑与建筑所定义边界并非割裂的，以雕塑的思考方式，转换到建筑设计上，从而打破学科间的边界，以多角度的方式思考建筑领域，使固有的领域得以打破，尝试更宽广的可能性。

学校：广州美术学院建筑艺术设计学院　　指导老师：林红　　学生：潘智维

学校：南京艺术学院设计学院　指导老师：徐炯　詹和平　学生：刘洪锁　孔祥天娇　顾晓慧　杨帅　易锋　赵培淑　张楚浍　史玙　赵亚楠　戴钰　祝羚

重生——参数化展亭设计
《Reincarnation》—— Parametric Pavilion Design

项目选址 Project location

设计学院南广场由主过道及东北、东南、西北、西南四个小的区域、下沉广场6个部分组成，为了使我们的作品《重生》处在一个比较好的视觉位置，我们对这几块场地做了优劣势的分析，最终选择了设计学院的东南角。

School of Design South Square from the main aisle and northeast, southeast, northwest, southwest four small areas, sunken plaza six parts, in order to make our work "reincaination" in a relatively good visual location, we in these block site analysis of the advantages and disadvantages do. Institute chose the southeast corner of the square.

总结：通过对场地优劣势的分析，我们最终将场地定在了设计学院南广场的东南角广场。由于东南角广场阳光充足，通风比较良好，所以在对模型材料的选择上考虑要比较周到，模型的材料要经得起风吹日晒，对模型的结构也要求比较坚固。

Summary: Through the analysis of the advantages and disadvantages of the site, we will eventually venueSet at the southeast corner of School of Design South Square Plaza. Since Southeast corner of the plaza sunny, relatively good ventilation, so in the choice of materials for the model to be more thoughtful consideration, mold Type of material to withstand the wind and sun, the structure of the modelAlso requires relatively strong.

场地分析 Site Analysis

人流量分析与人流量聚集点分析
People flow analysis and analysis of the flow of people rallying point

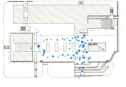

人流量是非常重要的指标，是重要的衡量工具。统计人流量，标记人群聚集点，可以了解设计院观众的行为规律。通过分析人流量可以判断最佳展览位置。对人流量进行统计，一天4个时间段人流量分布存在不同，大体集中在去往设计院的路线上，选取的场地上人流经常聚集中，可以吸引大批过路观众。本广场选出的四个人流聚集点，圆的大小代表聚集点的人群数量的大小。直观的展示了设计学院广场上的人流聚集关系。本场地选择这显得有大量的人流，易吸引观众。

The flow of people is a very basic indicator, is an important measurement tool. Statistics flow of people, marking the crowd gathering point, the audience can understand the behavior of the law institute. Can be determined by analyzing the flow of people is the best exhibition place.
Statistics on the flow of people, one day four time periods there are different people flows distribution. Generally focused on the way to institute route Selected venues pedestrian flows
Concentrated, can attract a large audience crossing. Crowd in the square to find the four gathering points, the size of circle represents the number of the crowd gathering point size, intuitive Design Institute shows the flow of people gather on the square.
Set of relations, site selection described here has a large flow of visitors, easy to attract viewers.

流线分析
Analysis of flow lines

流线图一般要表现出车流、人流的主要路线及方向。场地为设计学院前广场，主要表现设计学院师生的人流路线的。人流路线带有目的性，设计学院师生的路线一般到达的场所：城西去设计学院人流量较大，流线为主流线。设计学院为日常上课的场所，城西去会计学院人流量较大，流线为次流线。下课到图书馆去学习的场所，故考虑图书馆人流量次之，流线为次流线。至于场地南一般跟"去的广场的行动有目的，不是主动靠近，所以人流量最少。因此可考虑东南场地以吸引路观众，可以达到一定影响。

Flow diagram generally showing Vehicular other routes and directions. Venue for the square in front of School of Design, School of Design students mainly the passenger route. Flow line with purpose, the purpose is mainly to reflect the size of the flow of people
Design faculty and students of the course is to institute the general direction of the library, east of the square, Institute for everyday school places, and therefore to institute a larger flow of people, streamline the mainstream line.
Library as a place to study after class, and therefore the flow of people to the library, followed by flow lines for the second flow line.
Go east of the square is the square of the general design work to attract, not the initiative to close, on the flow of people at least.
Thus crossing program venue to attract viewers, you can achieve a certain effect.

阴影分析 shadowing analysis

由于设计场地的特殊性，使得整个设计作品只能凭借自然光照进行照明渲染，所以为了使得设计作品在最有利的位置进行自然光照采光，固定对采光分析进行了细致的分析过程，以便找寻最佳采光阴影设定基准，所以也以5月28日为例，对投影进行了分析。

从左边分析图中可以看出，5月28日展览那天到下午5点为止都是平均作用于作品的，时我们作品的摆放没有太大的影响。

Because of the special nature of the design space, making the whole design work can only rely on natural light for illumination rendering, so in order to make the design works of nature in the most advantageous position light lighting, the lighting analysis process careful, at the optimum time for works of visual effect. So in May 28th as an example, the projection analysis From the analysis on the left can be seen, the May 28th exhibition that day until 5 p.m. So far is in the sun, not too big effect to put our work.

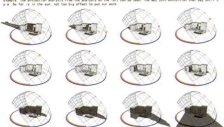

市场调研 Market Research

建筑设计 | 中国环境设计学年奖 | 最佳创意奖——铜奖

学校：南京艺术学院设计学院　　指导老师：徐炯　詹和平　　学生：刘洪锁　孔祥天娇　顾晓慧　杨帅　易锋　赵培淑　张楚泠　史玛　赵亚楠　戴钰　祝羚

学校：三亚学院艺术学院　　指导老师：陈琳　陈博　　学生：何惠芬

家——居家型老年住宅研究改造
RESEARCH ON TRANSFORMING RESIDENTIAL HOUSES FOR THE ELDERLY

09環境藝術設計　　何惠芬　0910514102
09 ENVIRONMENT ARTISTIC DESIGN　HUIFEN HE　0910514102

指導老師：陳琳
THE INSTRUCTOR:CHEN LIN

中国环境设计学年奖 — 最佳创意奖——铜奖 — 建筑设计

 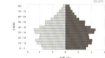 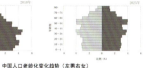  

中国人口老龄化变化趋势（左男右女）　　　　　　　　　　　　　　　社会老龄化

Fundamental research
基础研究

设计适合老年人生选居住的户型，有利于社会的可持续发展，是社会进步的必然要求，也是社会公平的体现。我国家庭结构的改变，"四二一""四二二"家庭的大量出现，造成了家庭养老功能的弱化。老年居住为题的解决，可以完善我国的老年保障体系。每个人都会徐徐老去，每个人都会看着身边的老人缓缓步入暮年，今天老年人的居住状况，就是我们年轻人明天的生活模式的映射，关系到每个人的未来。

老年人视觉特征与相关的居住环境障碍　　　　　　老年人触觉、味觉和嗅觉特征与相关的居住环境障碍

老年人视力衰退表现如下：　正常视力　白内障　青光眼　黄斑变性视力衰退

老年人神经系统与相关的居住环境障碍

老年人听觉特征与相关的居住环境障碍

年龄变化引起的肌肉力量下降

长者和轮椅老人客厅研究

Lucubrate research
深入研究

通过对我国老龄化发展的分析，以及对居家老年人居住问题进行的研究，结合国外老年人住宅的现状分析，试图寻找适合我国国情的、能满足我国老年人居家养老要求的住宅模式，提出老年住宅户型设计的要点，构建安全、健康、便捷、实用和适用的老年住宅户型，实现"老有所伴"的生活目标。论文的最后，在老年住宅户型设计方面进行有益的尝试。

Summary research
總結研究

对老年人生理、心理特点以及老年人的生活习惯进行研究与改造，对国内外目前现有的有关老年人住宅的形式进行总结研究，结合我国国情，对适合我国老年的老年住宅模式提出了详细的建议和结论。

长者和轮椅老人卫生间研究

L型老人厨房布置　　　长者和轮椅老人厨房研究　　　　　　　　　推拉门和小开作为活动范围　　平开门增加作为活动范围　　　内部空间可考虑轮椅转弯的尽责卫生间设计

   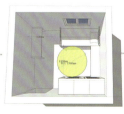 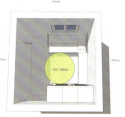

长者卧室研究

025

中国环境设计学年奖

学校：三亚学院艺术学院　　指导老师：陈琳　陈博　　学生：何惠芬

Case study
实例研究

住宅为适应老化的改造：
扩大卫生间面积
加强卫生间和卧室的空间联系
设置轮椅的回旋空间

改造后轮椅老人上卫生间分解图

改造前卫生间平面图

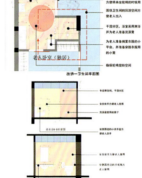

改造一卫生间平面图

改造一平面图

改造二平面图

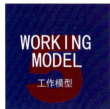

WORKING MODEL 5
工作模型

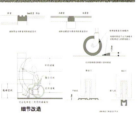

细节改造

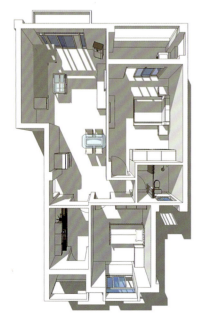

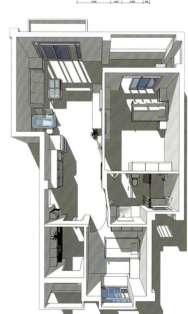

学校：黄山学院艺术学院　　指导老师：李明　　学生：高成　李尧雄　潘泳　刘晓慧　卢帅

■ 背景分析：

泰戈尔曾写到"在那里，心是无畏的，头也抬得高昂；在那里，世界还没有被狭小的家园的墙隔成片断；在那里，话是从真理的深处说出；在那里，不懈的努力向着"完美"伸臂；在那里，理智的清泉还没有沉没在积雪的荒漠之中；在那里，心灵是你的指引，接近那不断放宽的思想与行动——进入那更自由的天国。"

在现代社会竞争激烈的社会中，人们的自由被各种因素所取代，自由的生活空间在快速的社会节奏中变的越来越小，自由的心灵空间变得越来越模糊，人们开始迷茫，开始堕落，开始了没有意义的一切。

自由行是一种新兴的旅游方式，由旅行社安排住宿与交通，但自由行没有导游随行，它适合了现代一些人的特点，越来越受到年轻人的喜欢。此设计意"自由行"为主题，打造一个年轻有活力的旅馆，让旅客在路途中有一个好的栖身之处。

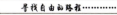

寻找自由的路程………

设计草图

"自由行"主题旅馆设计

■ 设计分析：

此设计位于皖南山区某旅游景区，为一个快捷的旅行旅馆。主题旅馆的设计是为了体现一种现代创新的生活理念，去符合现代社会多元化的发展需要，通过运用主题性的设计去实现空间环境既具有使用价值，同时满足相应的精神功能要求的双重属性。

此设计以皖南的地理条件为基础，建筑地理环境为皖南某景区公路旁边，整体环境是一个四山环绕的环境。建筑基地设计为在山地公路转弯旁边，建筑前面视野开阔，视觉效果好。建筑基地后面为南方典型的毛竹等植物，这些植物是整体建筑设计的重点，它们与建筑紧密相连，是建筑与后面山体的一个过渡线。

白色的建筑与绿树葱葱的山体形成较大的视觉冲击，给人一种清静和谐的空间关系，与行者的心灵感受相联系。

效果图

 *前视图*
 *后视图*
 *左视图*
 *右视图*

 *顶视图*

建筑为一种自由形态的立体构成，以两种大小立方体的组合形成一种自由形态的立体构成，每个矩形都有自己的位置与方向，每个矩形都在不同的位置象征着每一个旅客的特点，但是这些立方体都有一定的规律排列，象征着每一个旅行者都是为一个目的而来，那就是自由，他们都是为了追求自由而来，追求梦想而来。这些立方体形成的立体构成也与四山环绕的景观形成对比。

ZI YOU XING ZHU TI LV GUAN

学校：黄山学院艺术学院　　指导老师：李明　　学生：高成　李尧雄　潘泳　刘晓慧　卢帅

■ 创作分析：

此设计创作灵感来自于黄山的奇松，黄山奇松是"黄山四绝"之首，黄山以"无处不石，无石不松，无松不奇"而闻名天下。奇松在设计中代表着每一个游客，松树的各种形态代表着形形色色的游客，其中松树的"顶风傲雪的自强精神，坚韧不拔的拼搏精神，众木成林的团结精神，百折不挠的进取精神，广迎四海的开放精神，全心全意的奉献精神"正是每一个游客的需要所在，这些精神正是每一个游客所追求的精神。

现代社会的激烈竞争和黄山松的生态环境有相同之处，以黄山松为设计元素对休闲度假的人们找寻自己的位置，并以黄山松的意志来激励人们不能放弃，要有黄山松面临任何困难也不低头的意志，面对自己的一切。

"自由行"主题旅馆设计

■ 建筑结构分析：

此方案为三层建筑，建筑整体为一棵树的形态，其建筑基本为矩形的组合体构成，一层为建筑的主体层，其中主建筑为大厅。大厅上层为一个小型的酒吧，其中为休闲娱乐的室内场所，在整个建筑中有大量的矩形组合体，这些矩形为一个旅馆房间，其构成为4.2M*4.2M*2.8M和4.2M*5.8M*2.8M，大小两个矩形分别为两个房间的构成方案。

本方案建筑外部以白色为主色调，白色在青山绿水映衬下，产生一种宁静、祥和的效果。白色代表一尘不染，寓意给游客一种心灵的洗礼，抛弃自己一切的烦恼和困苦，为自己的信念而努力。

一层　二层　三层

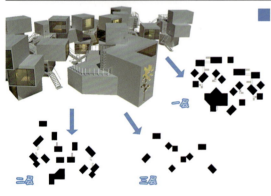

房间解构图

ZI YOU XING ZHU TI LV GUAN

学校：同济大学建筑与城市规划学院建筑系　　指导老师：王方戟　孙澄宇　　学生：沈子美

闹市中的草台班

01 闹市中的草台班——介入与激活：北京天桥演艺区建筑设计

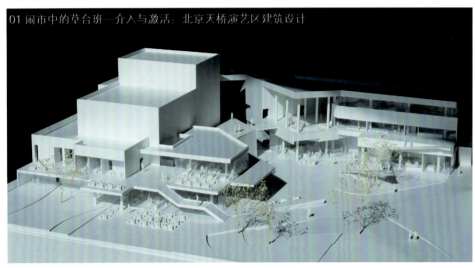

总平面图

01 区位
永定门公园北端，广阔公园的入口

02 阴角
建筑与公园绿地形成互相渗透关系

03 穿越
步行流线切割，社区与公园建立关联

04 切割
与相邻商业区形成连贯的商业步行街，形成社区 - 公共空间中的过渡空间。

05 退台 / 打散
中轴线小体量——打破人与空间的隔阂，面向公园的退台——化解大体量的突兀。

闹　在空旷的永定门公园植入剧场功能的同时，引进其他商业性质和社区活动，激活公共空间，呈现出在公园背景下平行叙述各种故事的场景，使演艺功能免于孤立。

市　在城市设计阶段，居民与游客的壁垒被打破；通过商业在满足居民、游客、观众不同受众需要的同时吸引更加多样的人群。

草　大中型剧场使用频率少且集中在周末夜晚。"草台班"（实验剧场）能增加场地使用频率，商铺全天带来稳定的人流，通过将两者使用频段叠合，使得场地使用几率最大化。

观演
商业
社区活动
垂直交通

东立面图　　　　　　　　　　　　北立面图

029

学校：同济大学建筑与城市规划学院建筑系　　指导老师：王方戟　孙澄宇　　学生：沈子美

02 闹市中的草台班—介入与激活：北京天桥演艺区建筑设计

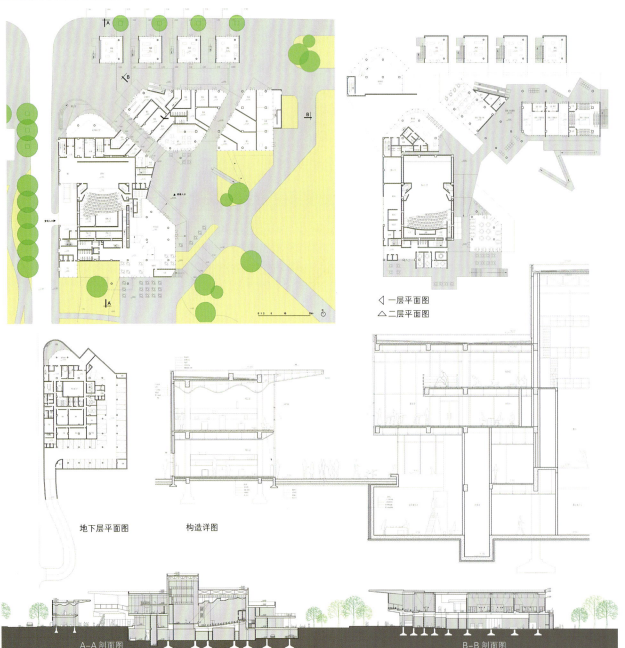

◁ 一层平面图
△ 二层平面图

地下层平面图　　构造详图

A-A 剖面图　　　　　　　　　　　　　　　B-B 剖面图

学校：华南理工大学建筑学院　　指导老师：冯江　徐好好　禤文昊　　学生：陈倩仪

新八和会馆设计

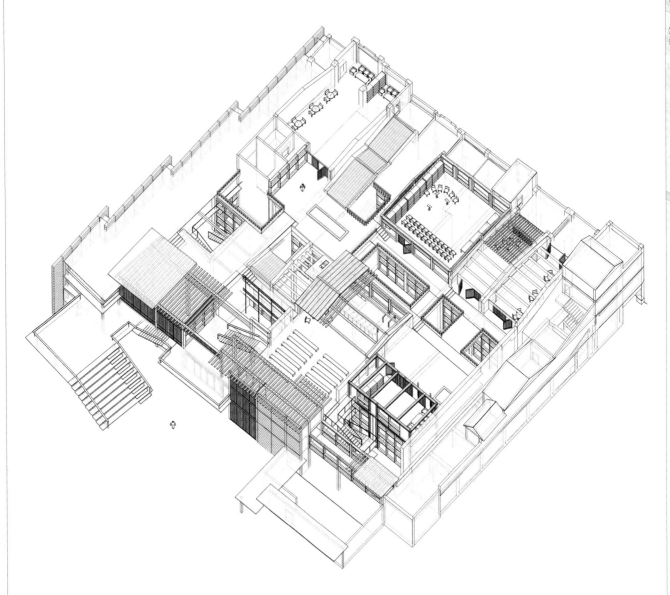

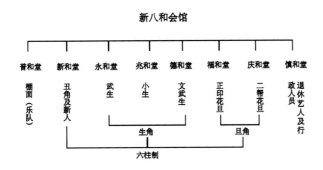

设计说明：新八和会馆选址位于恩宁路骑楼街地段，主要改造建筑为原八和会馆及其东边12间骑楼竹筒屋。本设计利用原有竹筒屋的空间特点，融入原八和会馆的八堂机制。每个竹筒屋为一个堂，同时通过天井的组织方式与竹筒屋背面加建新建筑的手法实现从粤剧的八堂走向公众的粤剧。建筑多方面呼应老城尺度、肌理以及新开挖的恩宁涌，旨在设计一个还乐于粤剧人，同时能激活老城社区生活的新八和会馆。

学校：华南理工大学建筑学院　　指导老师：冯江　徐好好　禤文昊　　学生：陈倩仪

骑楼街的八堂分配

攻造建筑测绘与分析—**现状使用情况**

老建筑改造成八堂（普和堂）

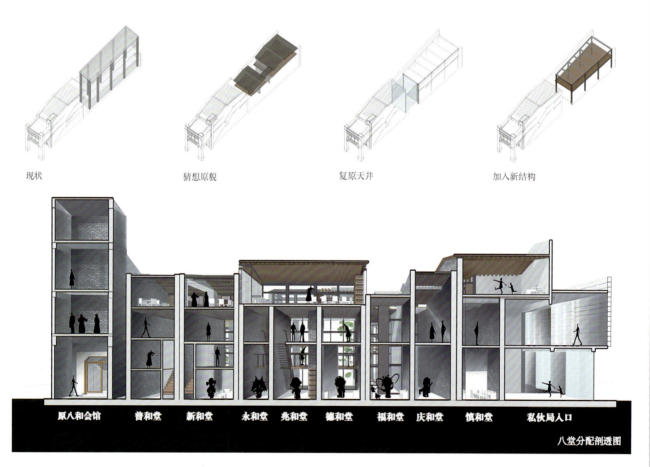

八堂分配剖透图

学校：华南理工大学建筑学院　　指导老师：冯江　徐好好　禤文昊　　学生：陈倩仪

从八堂到公众

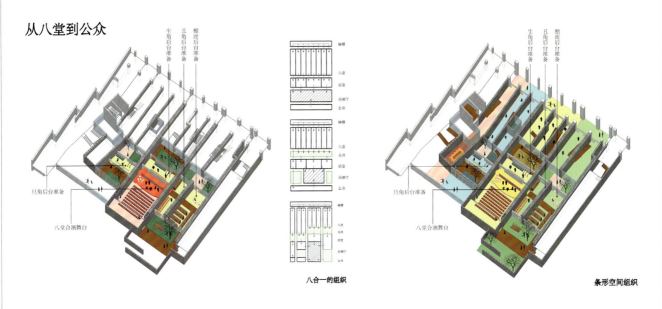

八合一的组织　　　　　条形空间组织

背部面恩宁涌现状图

背部低点透视图

学校：华南理工大学建筑学院　　指导老师：冯江　徐好好　禤文昊　　学生：陈倩仪

屋顶私伙局设计

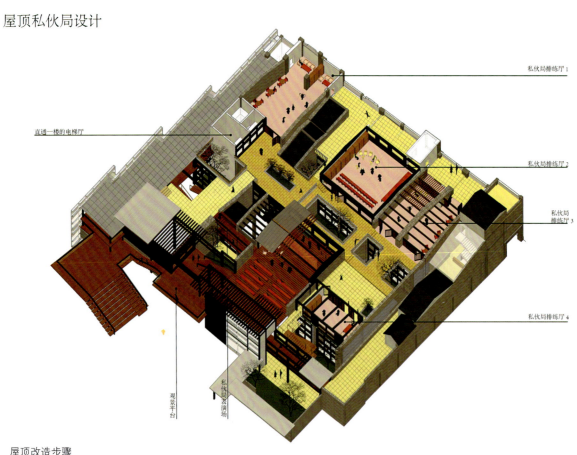

私伙局轴测图

屋顶改造步骤

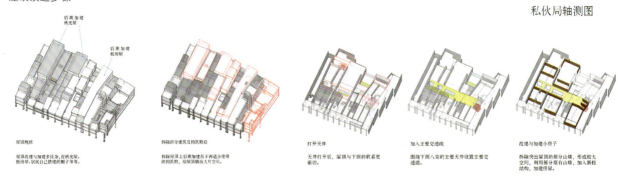

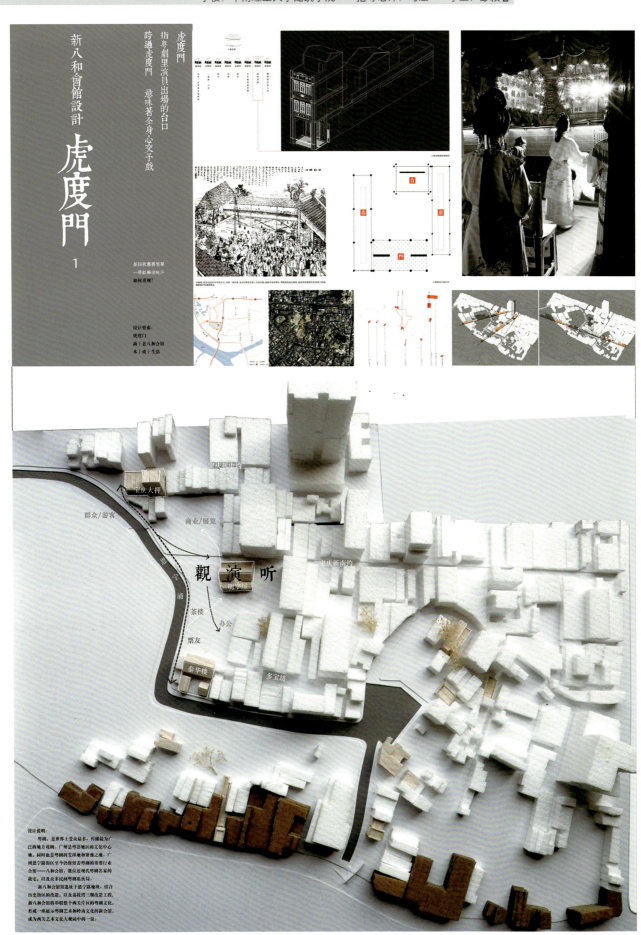

中国环境设计学年奖

学校：华南理工大学建筑学院　　指导老师：冯江　　学生：彭颖睿

新八和會館設計
虎度門 2

阶段手绘图

方案草模

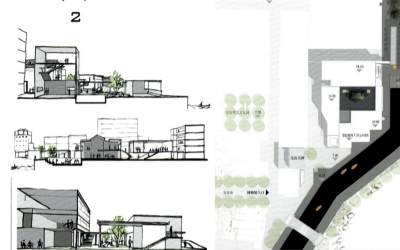

036

学校：华南理工大学建筑学院　　指导老师：冯江　　学生：彭颖睿

新八和會館設計
虎度門 3

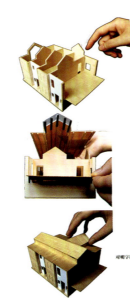

对明字屋的改造

水庭与码头

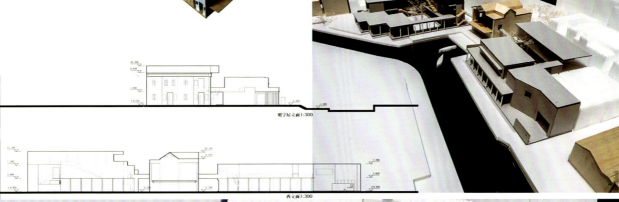

思字涵与红船码头

明字屋立面 1:300

西立面 1:300

河岸｜连续的边界
码头｜进深
明字屋｜明暗明暗｜两个舞台
庭院

中国环境设计学年奖

最佳设计奖——银奖

学校：哈尔滨工业大学建筑学院建筑系　　指导老师：陆诗亮　张宇　　学生：金盈盈

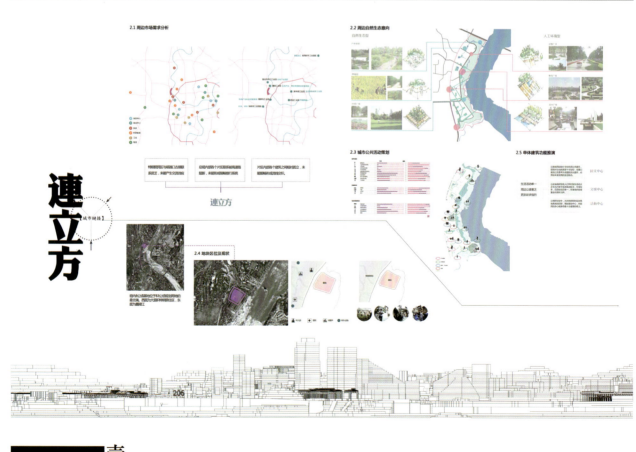

壹

延续与发展——重庆特钢厂片区空间城市设计与特钢工业文化中心建筑单体设计
Continuity and Development - Urban Design and Architectural Design of Chongqing Special Steel Plant Area

学校：哈尔滨工业大学建筑学院建筑系　　指导老师：陆诗亮　张宇　　学生：金盈盈

连立方 【建筑续接】

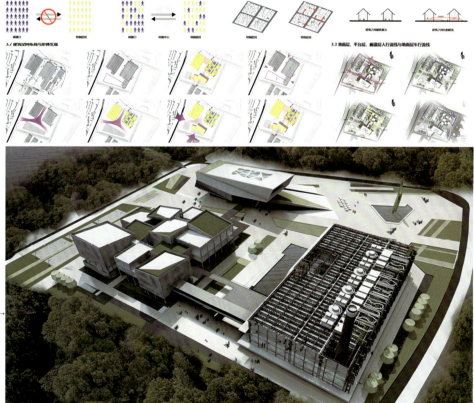

贰　　延续与发展——重庆特钢厂片区空间城市设计与特钢工业文化中心建筑单体设计
Continuity and Development - Urban Design and Architectural Design of Chongqing Special Steel Plant Area

建立方

学校：哈尔滨工业大学建筑学院建筑系　　指导老师：陆诗亮　张宇　　学生：金盈盈

东立面图 1:1000

西立面图 1:1000

南立面图　　　　　　北立面图

延续与发展———重庆特钢厂片区空间城市设计与特钢工业文化中心建筑单体设计

Continuity and Development - Urban Design and Architectural Design of Chongqing Special Steel Plant Area

学校：中国美术学院上海设计学院　　指导老师：曹炜　　学生：吴岱　陆柯帆　王贝特　王秋诗

阶的衍想——温岭文化馆设计

WENLING CULTURAL CENTER ARCHITECTURE

城市概况 CITY OVERVIEW

温岭，地处浙江东南沿海，长三角地区的南翼，三面临海，东濒东海，南连玉环、西怀乐清及乐清湾、北接台州市区。地理坐标为北纬28°22'，东经121°21'。是一座在改革开放中崛起的沿海城市。全市陆域面积836平方公里，岛屿面积114.2平方公里，滩涂面积155平方公里，温岭市是列汉族聚居地，分辖居住在16个镇（街道），人口136.68万。

Wenling, Zhejiang Province is located along the southeast coast, the south wing of Yangtze River Delta, facing the sea, west China Sea, Yuhuan, south, west and Yueqing Yueqing Bay, north of Taizhou city, the geographical coordinates of latitude 28°22', longitude 121°21' is a rapid rise in reform and opening coastal city. The city's land area of 836 square kilometers, the island area of 14.72 square kilometers, the beach area of 155 square kilometers. Wenling City, is pure Chinese settlements were living in 16 towns (streets), a population of 1,366,800.

项目背景 PROJECT BACKGROUND

文化馆总占地面积13.5亩，总建筑面积9500平方米，项目总投资6700万元。掌握填补一个新兴城市其它市政建设的空白；与温岭社会经济发展规划相衔接；与中等城市建设相适应；与未来城市规划相协调，其建设规模、环境规划、功能设置、设备配置等都具有一定的前瞻性；与中等发达城市规模配套均衡，各项规划指标与城市总体规划平衡。

Cultural Center covers an area of 13.5 acres, total construction area of 9,500 square meters, the total investment of 67 million yuan. Required to take into account a new city municipal building other blank; Wenling socio-economic development planning and dovetail coordination; to adapt to future urban planning coordination, the scale of construction, environmental planning, feature set, equipment and so has certain forward-looking; city size with medium-developed supporting coordination of the planning targets and the overall urban planning balance.

视线分析 Sight Analysis

人口结构 Population Structure

- 常住人口 24%
- 城镇人口 46%
- 流动人口 76%
- 农村人口 54%
- >60岁 10%
- 60-65岁 13%
- 0-4岁 4%
- 15-59岁 73%
- 40% Junior school
- 38% high school
- 11% primary
- 7% college
- 4% illiteracy

景观分析 Landscape Analysis

1. 九龙汇、田园风光带为城市绿肺与生态轴线。
2. 基地南、东、西三面为山体所环绕，南边有牌旗尖、黄山、百丈岩、下洞山等山体环抱，且有数条绿楔从山体延伸出来进入规划区区。
3. 公园和街头绿地按服务半径和需求设置：主要水系两侧均设带状绿地、沿主要城市快速路、主干路均主要组团之间设防护绿地。

1 Department of bucolic Kowloon with green lung for the city and ecological axis.

2 base things on three sides by South surrounded by mountains, surrounded by floor flag tip, Huang Shan, Baizhangyan, surrounded by mountains under Baoshan, etc., and several pieces green axis extending out from the mountain into the planning block.

3 parks and green street radius and services by service area requirements set; major river systems are located on both sides of green belt, Along major urban expressway, trunk roads and major groups located between green space protection.

新城规划 Metro Planning

本次规划以九龙汇田园风光带为城市绿肺与生态轴线，以中华北路万昌北路作为连接城市其他组成部分的发展辅助及公共功能链，商业商务核心区与文化艺术中心作为城市发展核心，从而行成了"一带，双轴、三心"的城市结构。

Kowloon exchange bucolic with the planning for the city green lung and ecological axis, as the connections to the city and other part of the axis of development and public-ies, the commercial core area of business and art and cultural center are an urban development in order to North Zhonghua Road WAN-CHANG Roadcore, so that the line has become the urban structure of the area, biaxial, three hearts".

SITE ASSETS
- CITY PLAN
- Wetland Park
- PUBLIC GREEN
- RIVER
- NORTH ZHONGSHAN ROAD

为昌北路，中华北路作为城市发展轴线，规划沿其设置两条高层建筑带，从南北方向上看高度形态变化呈波浪型。从城市东西方向上看，城市形态大体呈现以港边山体为高点、九龙汇田园风光带为低点，中间万昌北路、中华北路两条高层建筑带隆起的波浪形。同时规划九龙汇田园风光带两边局部点缀高层，丰富风光带边这一楼形态。

Men Cheong Road, North China as the axis of urban development, planning and setting two high-rise buildings along its belt, north-south direction from the point of view highly morphological changes wavy. Judging from the city east-west direction, with the surrounding urban form generally presents a high point of the mountain to Kowloon exchange bucolic band of low, intermediate Wanchang Road, China North two high-rise buildings with raised wavy. While planning along the Kowloon side local exchange bucolic dotted with high-level, three-dimensional shape rich scenery along the border.

基地拆分示意 Site Exploded Axonometric

041

中国环境设计学年奖

学校：中国美术学院上海设计学院　　指导老师：曹炜　　学生：吴岱　陆柯帆　王贝特　王秋诗

学校：中国美术学院上海设计学院　　指导老师：曹炜　　学生：吴岱　陆柯帆　王贝特　王秋诗

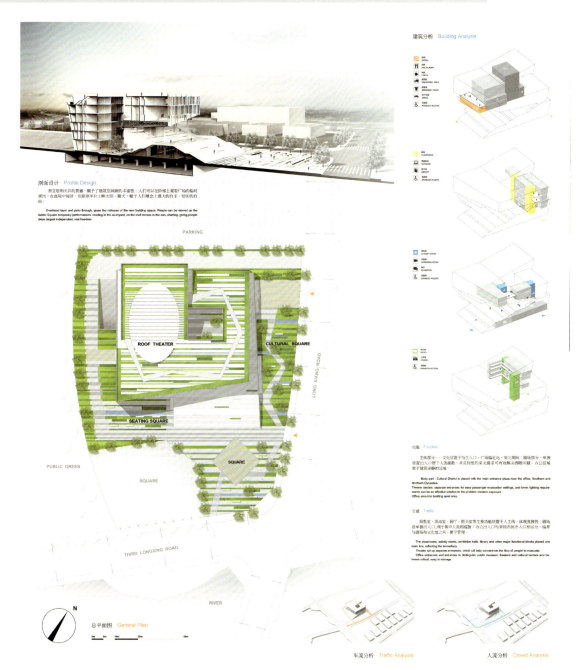

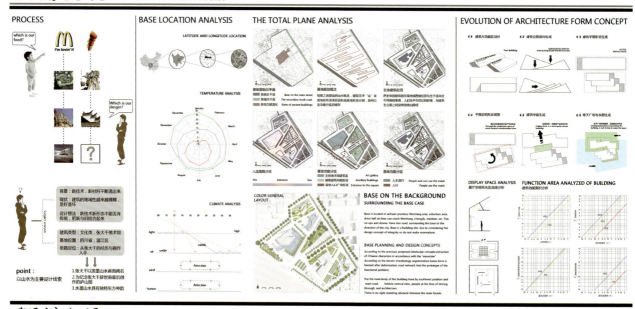

学校：江南大学设计学院环境设计与建筑学系　　指导老师：杨茂川　门坤玲　孙立新　　学生：李卓

ZHANG DAQIAN SUN YUNSHENG GALLERY
BUILDING BIRD'S EYE VIEW

设计背景 BACKGROUND

新技术是指新的建造加工技术与新材料以及新的设计手段（包括参数化设计）新技术不仅能够给人们带来舒适宜人的建筑空间环境、提高施工效率、缩短建设周期，同时还对建筑空间与形态的设计产生巨大影响，冲击着人们对建筑的固有观念。随着传统文化的挖掘整理与创意产业的发展，各类主题展览建筑层出不穷。展览建筑也对空间与形态（包含建筑表皮）提出了更高的要求。新技术的介入势必为展览建筑空间与形态的发展开启全新的视野。

然而随着科技的发展，在新型建筑不断涌现的同时，文化类公共建筑的地域性也变得越来越模糊，建筑的文化气息也变得越来越薄弱，一座文化类建筑似乎放在哪里都能成立，缺少唯一性。所以我认为新的技术创作出来的建筑要与传统有所继承，让人们在耳目一新的同时也能感觉到地域特有的文化气息，才不失为一座好的当代文化类公共建筑。

建筑解析 BUILDING ANALYTICAL

BUILDING STRUCTURE FORM 建筑形体结构解析　　BUILDING TRAFFIC FLOW 建筑交通流线解析　　BUILDING SKIN STRUCTURE 建筑表皮结构解析　　BUILDING TRAFFIC FLOW 建筑功能分区解析

FLOOR PLAN

-1 FLOOR PLAN

1 FLOOR PLAN

2 FLOOR PLAN

3 FLOOR PLAN

BUILDING STRUCTURE

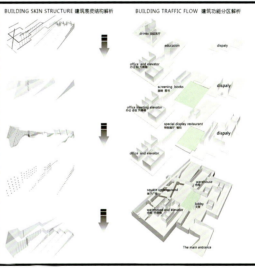

Model entrance to bird's eye view of　　Model plane top view　　Model backyard bird's eye view

因为受建筑外形三角体的影响，为了让建筑内部空间不浪费，室内往往下挖了一层后采用梯形空间。这样使空间的利用得到了最合理的解释同时得到了空间的通透性。中庭空间放弃了传统的中庭花园的手法而用具有建筑结构美感的楼梯做为中庭景观，再配以绿景另外地下层中庭式可以直接通向后庭地下广场建筑底部落柱。加上挂竹遮挡，使中庭保留空间的氛围。

后庭的地下广场做了一些空中的连廊与室外台阶这样使空间有了层次，使后庭的虚空间与建筑本身的实空间偶了空间上的对比

BUILDING FACADES

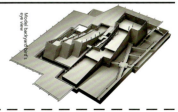
01 THE NORTH FACADE

02 THE WEST FACADE

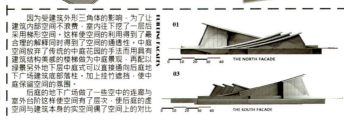
03 THE SOUTH FACADE　　04 THE EASTERN FACADE

学校：哈尔滨工业大学建筑学院建筑系　　指导老师：陆诗亮　张宇　　学生：张岩

"连立方"——重庆特钢厂活动中心

 重庆特钢厂片区空间城市设计与活动中心设计
Urban Design and Architectural Design of Chongqing Special Steel Plant Area

学校：哈尔滨工业大学建筑学院建筑系　　指导老师：陆诗亮　张宇　　学生：张岩

重庆特钢厂片区空间城市设计与活动中心设计
Urban Design and Architectural Design of Chongqing Special Steel Plant Area

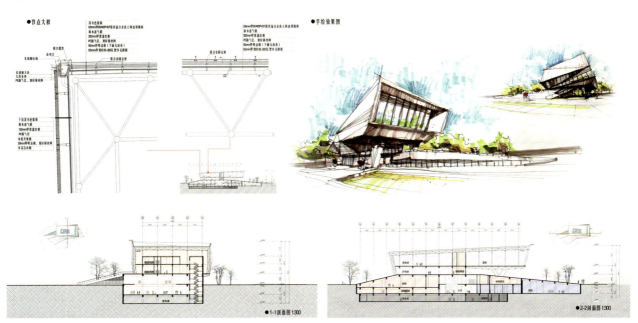

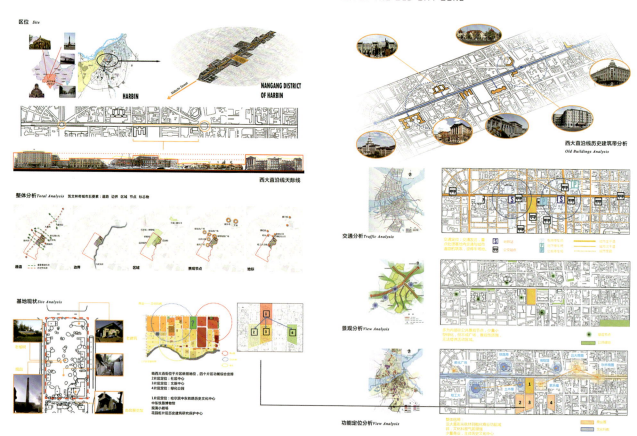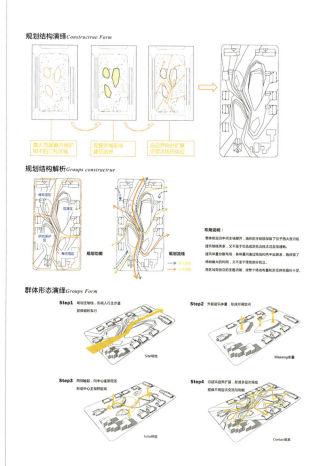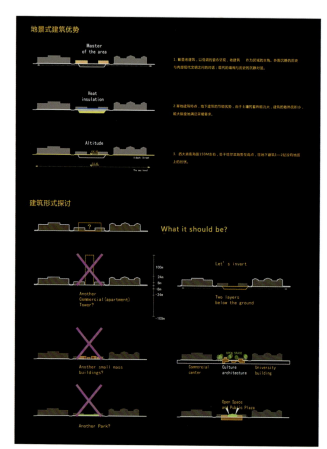

学校：哈尔滨工业大学建筑学院建筑系　　指导老师：吴健梅　刘滢　　学生：顾丽丽

总体规划平面图
Overall Planning of the Plan

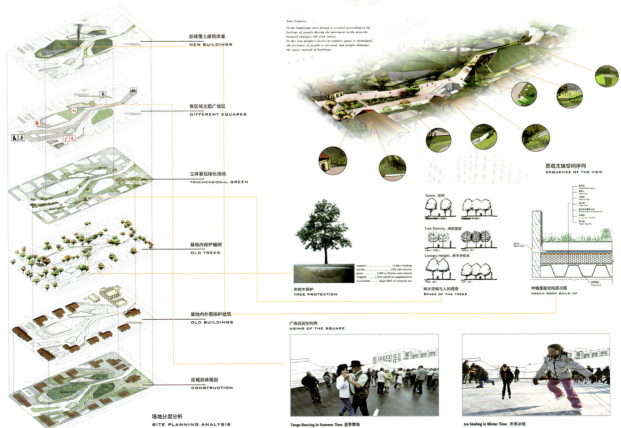

学校：哈尔滨工业大学建筑学院建筑系　　指导老师：徐洪澎　朱莹　　学生：王墨晗

新生重生

一层平面图

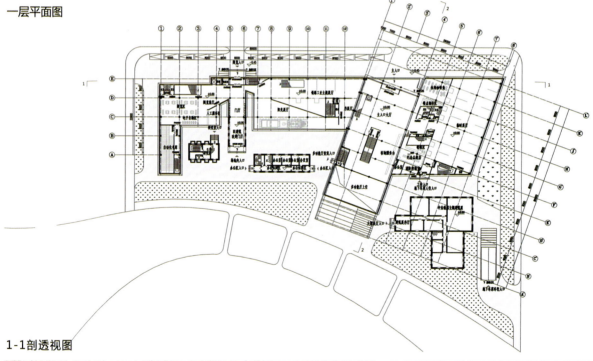

1-1剖透视图

本设计首先对马家沟河滨水空间改造区域进行实地调研，提取SWOT分析的基本要素对基地加以分析，得出调研报告。

在可行性探讨的基础之上重新规划区块功能、道路交通系统、公共空间节点，整理城市工业和文化遗产，建立新的地标和天际线关系，探讨城市中心休闲区的密度与开发强度，使新的城市功能趋于合理化，激活整个城市空间。

在建筑设计方面着重讨论文化建筑与历史建筑的关系和结合入手点。通过实际的分析和建筑设计，探讨文化建筑和历史建筑的关系问题，得到一种较合理的解决问题的方法。通过建筑的形体关系和空间秩序，创造与历史建筑的时间与空间的对话关系。

学校：哈尔滨工业大学建筑学院建筑系　　指导老师：徐洪澎　朱莹　　学生：王墨晗

二层平面图

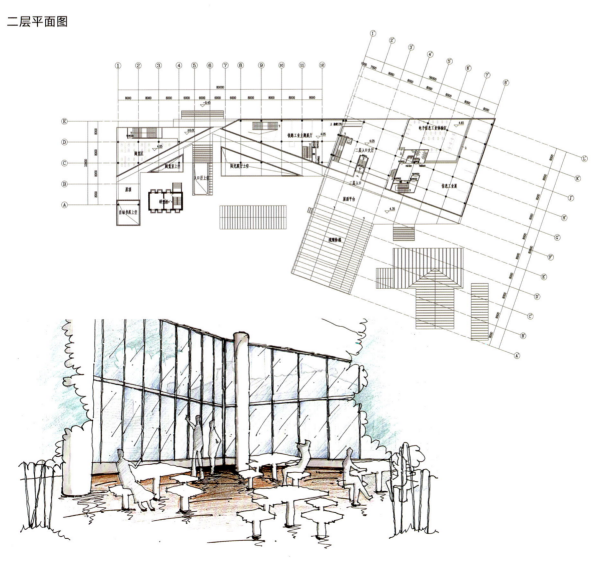

松花江畔Villiage建筑设计方案

SONG HWA RIVER
NEW VILLIAGE

乌拉街屯村位于吉林省吉林市龙潭区乌拉街镇。西侧紧邻松花江，北部林东部为蔬食蔬菜种植基地，南靠峨眉乡的菜蔬头。村庄南北宽度分别为500米和460米，东西长度分别为600米和480米，总面积约为230000平方米。

研究缘起：在城市化进程中对吉林地区民居发展属后性的关注
在乌拉街屯村的实地调研中我们测出吉林地区大部分东北传统民居样式多为半北朝南的土坯草房，虽然大部分居民已经具备着时代的变迁和社会的发展，对建筑材料有了一定程度的更新。但是吉林地区传统形式中相仍旧的村情况复古式路已无法满足当代使用者对社会发展的需要，为追求更好的生活品质，一部分村民已经到翻新、废弃的房屋将不断被拆，占用了有限的村镇空间。村庄像动力为需求高贵GDP增长，无视自然环境和人文环境的保护，建造起地基础硬度、生硬的建筑玻璃结构，在强烈的强烈碰撞中开始了"城市化"的步伐，越来越多的农村区开始建设民宅庄邸，开始违了简单的晨落，同期格格局的发展日益繁复，其如公寓式商品房的农村集体住宅以大面积数量之进行降幅的驱动，机械生硬的键筑形式破坏了不同地域文化体系下沟通的生活方式和居住习惯。基于以上现状，以吉林省乌拉街镇屯村为研究实验基地，对东北村镇建筑地居民生活习惯进行研究，并提供一种新的发展模式。

理论假设与研究思路：对吉林地区东北村落自发性建造规律的改良及应用
自相理论主要研究形态、空间的复杂化。探究系统从无序到有序或从一种有序转向的—种有序策略的演变过程。笔者针对东北地区满族民居建筑的地域特点进行研究，基于自相理论的基础之下，自发性建造为研究提供了客观的操作方法和路径。研究以尊重本地区历史文脉为原则，分析村落中自然生态的不同个体的空间感感慨，和大量个体采样方式的描述，以优势和劣势的分析并提出结论，从而继承优势改良劣势生成一种遵循当地文化脉络和居民生活习惯，又能够在建筑形式应用中能上得到提的升华，从而形成"新"的建筑。

1 东北村落空间形态的自发性生成规律——以乌拉街屯村为例
1.1 自相规律下自发性建造的基本概念
自相理论是20世纪末期基于一般系统论之下发展起来的新理论模式。主要研究复杂但或系统中发展和形成机制的问题。在本案例建筑设计中的应用，主要体现在建筑的地域特点的生成规律并总结和归纳，并加以改良和应用。

1.2 东北传统村落空间形态研究与自发性建造理论的契合点
通过对自发性建造规律的分析和把握，了解了两地域性文化因素基础上空间生成的属性和特点，为研究东北吉林地区民居发展提供了基原路和行性操作的方法。民居的地域特色研究在城市化发展的社会背景下展开探讨，通过长期实地调研和图像收集与分析，得出由自然环境因素、社会发展因素和人文历史因素共同影响下形成的空间聚落结构关系，以定观宏观两个角度出发进行分析，分别对从从无序到有序，从低级有序到高等有序展开了对比式图解，同时对建筑材料特点和居民生活习惯也进行了数据的分析。

学校：东北师范大学美术学院　　指导老师：王铁军　刘治龙　　学生：邢斐

SONG HWA RIVER
NEW VILLIAGE

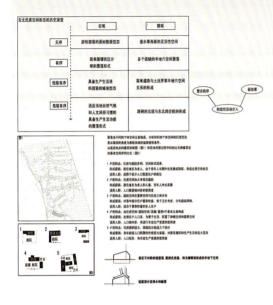

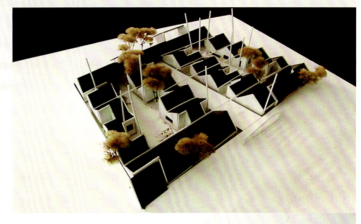

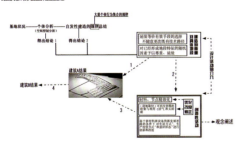

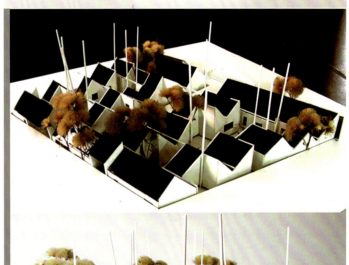

点评：设计者以一直被忽视也最缺乏设计感、最难有创新点的东北农村住宅为设计关注点，体现了设计者的社会责任感。设计者从村落肌理、空间形态等方面对村落环境做了详尽、具体地分析，针对环境的不利因素和使用者的需求，因地制宜、就地取材，并以创新的手法打破了传统东北民居单调、乏味的建筑形式，以诗意的美学形式开创了东北民居新的地域性与文化性。

学校：哈尔滨工业大学建筑学院建筑系　　指导老师：于戈　　学生：王鲁丽

无域之滨——莲塘·香园围口岸联检大楼设计

区位分析

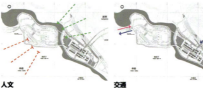

方案概念

背景
　　新口岸将会连接深圳东部过境通道，从而为深圳东部、惠州、粤东各市及邻近省份提供更有效率的跨界通道。

人文
　　大陆居民蜂拥到香港生子，念书，购买奶粉，越来越多的香港居民开始抵制这种现象。

交通
　　两地车行道左右行不同，因此需要转换。

意向
　　由于现在香港地区的公民对大陆公民存在着误解和一定程度的偏见。将"沟通"作为主题，希望横跨两地的联检大楼可以起到沟通的作用，建筑的形象以两只相握的手为来源，希望两岸可以做到商者无域，相融共生。

设计说明

　　莲塘/香园围口岸联检大楼的设计包括横跨深圳河的俩条行人通道及四条行车桥。口岸的设计"以人为本"，并能展示出在两地两检模式下，港深两岸紧密合作的关系。

　　建筑形象以两只相握的手为原型，希望能够架起两岸沟通的桥梁，进一步促进两岸的经济与文化发展。

　　提出"两地两检"客货分层的双层方案，即以客货运功能分层的设计（下层是货运，上层是客运，上层将下层部分覆盖）。这个方案的优点之一是确保了港深双方的设施均在各自的行政边界内布设，而且减少了结构工程上的难度。

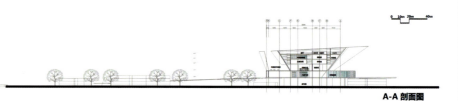

A-A 剖面图

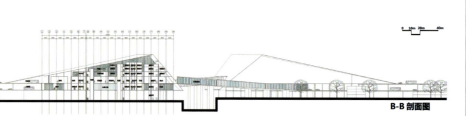

B-B 剖面图

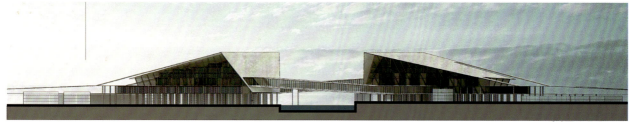

东立面

学校：哈尔滨工业大学建筑学院建筑系　　指导老师：于戈　　学生：王鲁丽

无域之滨 —— 莲塘 - 香园围口岸联检大楼设计

02

货流流线

- 香港到深圳方向
- 深圳到香港方向

客流流线

- 香港到深圳方向
- 深圳到香港方向

联检大楼竖向交通

- 联检大楼竖向交通

功能分区

- 联检大楼 4F
  餐厅
  CAFE
- 联检大楼 3F
  休闲区
  控制室
  机房
- 联检大楼 2F
  支援设施
  机房
- 联检大楼 1F
  客检
  出境大堂
  警察署
  卫生署
  海关
- 平台层
  客检
  入境大堂
  警察署
  卫生署
  海关
- 地面层
  货检

图例：
- 休闲餐饮
- 香港-深圳客流方向
- 深圳-香港客流方向
- 办公
- 洗手间
- 防火疏散
- 香港-深圳货流方向
- 深圳-香港货流方向

总平面图

0　50m　100m　200m

深圳 SHEN ZHEN

香港 HONG KONG

松园下 TSUNG YUEN HA

经济技术指标
- 香港基地面积：22.6 公顷
- 深圳基地面积：17.4 公顷
- 行人通道面积：7660 平方米
- 平台层面积：28444 平方米
- 联检大楼总建筑面积：60690 平方米
- 地面层停车位：900 台
- 容积率：0.17
- 绿化率：38.74%

标注：
- 建议之连接路 PROPOSED CONNECTING ROAD
- 香港出境货流检验区
- 香港出境货流检验区及办公
- 公交接驳
- 货车检车区泊车位
- 香港出境司机检查区及办公大楼
- 香港动出境客流
- 香港入境客流
- 公共交通交汇处
- 消防局
- 警察局
- 香园围联检大楼
- 深圳入境客流
- 出境海关扣车场
- 出境重点查验车场
- 出境 X 光检查及办公室
- 固定 X 光检查及办公室
- 出境转关车场
- 出境重点查验车场
- 深圳入境货流检验区
- 深圳出境客流
- 深圳出境货流检验区

N 总平面图

城市设计

紧密城市

学校：同济大学建筑与城市规划学院建筑系　　指导老师：王桢栋　袁烽　　学生：文凡 等

1 | 项目介绍：
亚洲垂直城市竞赛——"人人皆丰收"

紧密城市 | CLOSE CITY
2013 亚洲垂直城市设计
同济大学　薄尧　陈蕊　傅艺博　李洵　沈思韵　文凡
指导老师：　王桢栋　袁锋

垂直城市竞赛每年都将在一平方公里的基地上展开。这片土地为十万人提供居住生活和工作，成为一个非常适合研究与探讨城市中的密度，垂直分布，家庭生活，工作，食物，生态能源，社会功能结构等话题的舞台。如何整体思考这些因素，并且提出具有远见的、模范性的方案将成为对于城市与建筑创新中的一个挑战。这种新的城市范例将提供生活与工作所需的各种条件，其中将有过半的面积提供居住空间。

《人人皆丰收》，作为第三届亚洲垂直城市的竞赛主题，在整个设计过程中需要被充分讨论与探索。到2050年，为了应对全球近90亿人口的需求，全球食品产量预估上涨约百分之七十，主要集中在发展中国家。（联合国食品与农业组织。全球对食物需求的迅猛增长正面对着土地与水资源紧缺的挑战，将近四分之一的土地面积已经不适宜耕种。

不仅如此，到本世纪中期，大约全球人口的百分之八十都将居住在城市中心。这个话题便是要为全新的都市农业寻找可能的解决方案。这些方案将能可持续得提供安全丰富的食品供应源，尽可能来满足都市日常食品消耗的基本需求，甚至满足周边城市的食品需求。对于"丰收"这个概念的理解将被延申，包括能源与水资源。我们期待富有创造力的解决方案来高效利用资源，比如节约用水与电力，还有其他与城市农业相关的成本。

参赛的团队可以自由地在资料中所标出的大范围中选择一块一平方公里的土地进行方案设计。

基地

本次竞赛基地距离越南河内市中心17公里，是河内 DUC 区的一部分，基地内有东西向的 Thang Long 高速公路（南北向的高速路正在建造中）。

2 | 河内：一座"家"的城市

走在河内街头，感触最深的并不是它破旧不堪的街市，而是拥挤的人群以及永远充满各式活动的市井气氛。这种气氛是难得的，因为它承载着这个城市市民的生活，也维系着城市居民之间的和谐关系，与中国北京、上海这样的已经"国际化"的大都市里的街头气氛，全然不同。

究其缘由，我们发现这种社会气氛是建立在其特有的传统家族关系之上的，家庭是城市的组成细胞，家庭是城市活动的主体，家庭是传承社会文化的载体。以家庭为单元组成的城市与以个人为单元组成的城市，必然是截然不同的：人与人的关系不同，社会的观念不同，社区的结构不同，甚至整个城市的文化也不同。

如何避免中国城市化进程中遇到的一些问题？紧密的家庭社会也许是一个有益的尝试。

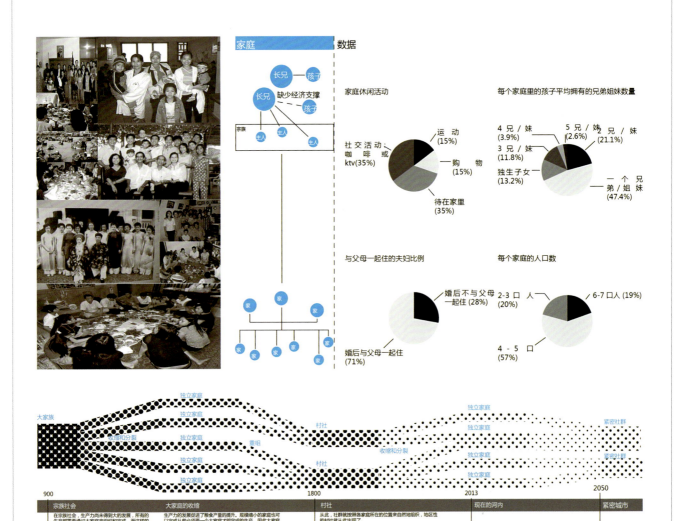

3 | 越南尺度

从社会学和人类学的角度出发，河内的这种社会结构与城市发展氛围是建立在其传统的家族关系之上的；而从建筑和空间的角度出发，这又与他们的某种空间价值观或者空间尺度感颇有关联。

从某种意义上说，正是因为这种尺度，才造就了河内城市的紧密，也让市民"被迫"来到街头活动，进而喜欢上城市。在越南人、河内人看来，甚至在很多东方人看来，越是人多、越是热闹的地方，才是越有吸引力的，而显然，这种尺度价值观与西方的完全不同，因此我们也无法将现代建筑的尺度和价值观直接代入河内城市，因此，必须深入地研究越南之所以为越南。

重新定义 拥挤

也许你会觉得这是非常拥挤令你非常难受的地方，但是越南人可能真的并不这样认为，他们会认为这并不算拥挤，并且这种拥挤也不会给他们

拥挤？

重新定义 私密

也许你会觉得真的难以置信，洗澡睡觉上厕所也可以和其他人一起？吃饭也可以在街头吃？聊天也可以在街头随便围着桌子坐一圈就开聊？这就是越南，西方的私密观在这里失效。

私密？

	越南	西方国家
最近的买东西的地方	0 m	2000 m

发生社交活动的最小场所面积　3 m²　　　20 m²

同样的 100 平方米面积，越南可以摆这么多桌子：

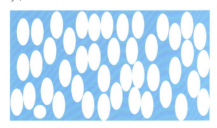

超过 50 张桌子　　　　　　　　　　不超过 15 张

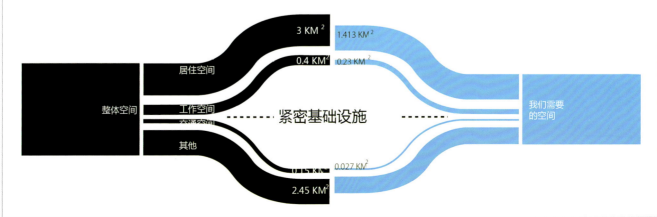

学校：同济大学建筑与城市规划学院建筑系　　指导老师：王桢栋　袁烽　　学生：文凡 等

越南

0.8 m

路上与人交谈的最短距离

800mm　800mm　800mm

西方国家

3.75 m

1800mm　1800mm

3750 mm

大部分街道的宽度

3750mm　10m

20m

10-12m

15m

15-30m

60-100m

15-30m

50m

(10000/800)×(50000/2000)×4=

1250 人

(10000/1800)×(50000/4800)×5=

289 人

10000×50000/1250=

0.4 m²

10000×50000/289=

1.728 m²

如果是 100000 个人，

在极端情况下——每辆摩托车/汽车都搭载了最多的人数

0.4×100000=

0.04 km²

1.728×100000=

0.1728 km²

在另一种极端情况下——每人都拥有一辆摩托车/汽车

0.8×2×100000=

0.16 km²

1.8×4.8×100000=

0.864 km²

根据越南的规范，副区域级地区的道路密度应该达到 10-13.3km/km2，也就是大概人均 6.4 m2，如果在这两种极端模式下，就需要有这么长的道路：

2.5 km

10.8 km

学校：同济大学建筑与城市规划学院建筑系　　指导老师：王桢栋　袁烽　　学生：文凡 等

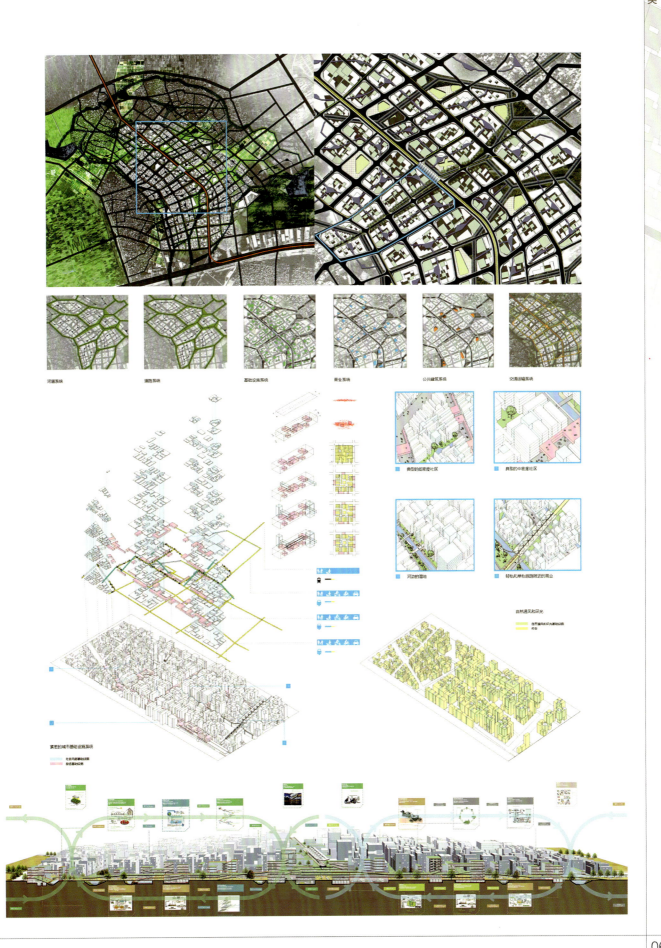

城市设计 金奖

中国环境设计学年奖

学校：东北师范大学美术学院　　指导老师：王铁军　刘学文　刘治龙　　学生：罗田

★ "工業精神"的繼承與歷史住區的再生 —— 195叁 青年生活社區概念設計
"INDUSTRIAL SPIRIT" OF INHERITANCE AND THE REGENERATION OF HISTORIC SETTLEMENTS——1953 YOUNG LIFE COMMUNITY CONCEPT DESIGN

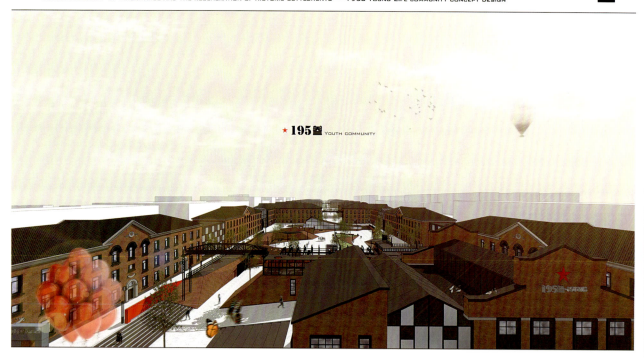

■ 區位分析 | LOCATION ANALYSIS

CHINA COUNTRY　　JILIN PROVINCE　　CHANGCHUN CITY & LUYUAN DISTRICT

場地位於吉林省長春市綠園區，一汽廠區中心地帶，街區周邊商業發展迅速，地理位置優越。

Green garden district changchun city, jilin province, near the center of the car factory, blocks surrounding commercial development is rapid, the geographical position is superior.

■ 背景與現狀 | BACKGROUND AND CURRENT SITUATION

1953年由蘇聯員工為汽車廠規劃建設的員工宿舍區，建築呈現俄羅斯新古典主義特色。屬於長春市歷史保護街區，由於興建時間久遠，景觀設施陳舊，居民缺乏公共交往空間已經不能滿足現代人生活品質的需求，面臨被時代所淘汰的命運。

In 1953 by the Soviet union employees' dormitory for factory planning and construction, architectural rendering neo-classical characteristics in Russia. Belongs to the changchun city historic districts, because of the long construction time, antiquated, already can't meet the demand of modern people life quality, the fate of the face is eliminated by The Times.

■ SWOT分析 | SWOT ANALYSIS

優勢 S (strength)
1. 汽車廠前宿舍區內建築具有獨特的歷史背景和保護意義
2. 位於汽車廠商業中心地帶，區位優勢明顯
3. 出行交通便利

劣勢 W (weakness)
1. 建築物興建年代久遠，缺乏建築保護和修繕
2. 居民生活基礎設施陳舊，雜亂
3. 垃圾回收站，導視牌，停車空間配套設施不足，且分布不均

機會 O (opportunity)
1. 汽車廠前宿舍區屬於歷史保護街區
2. 居民關注生活品質問題，居民生活急需改善
3. 長春市快速發展促使對歷史保護的需求

威脅 T (threats)
1. 改造過程中對建築歷史的延續
2. 如何處理社區居民與改造後臨街商業建築區域的關係
3. 人流量增加可能導致的社區路網規劃問題

■ 歷史價值 | HISTORICAL VALUE

主要根據建築年代和歷史事件確定工業遺存的歷史價值。一汽廠前住區從某種意義上見證了長春市的發展歷程。從文化價值角度看，建築與地域價值觀，生活方式和傳統習俗一脈相承，若把文化比作靈魂，那麼建築及其周圍合時適度空間環境便是它賴以生存的軀殼。伴隨著住區的消失，原住居民的遷徙，傳統生活模式和傳統文化也將隨著"軀殼"的消失而淹沒於"現代化"的都市中。拆除一個老住區，表面上是抹去了住區本身，而實質上抹掉的是生存於它們體內的文化歷史內涵，斷裂的是一個城市文明的延續，消減的是這個城市的"軟實力"。

Main according to the building's determine the historical value of industrial heritage and historical events. Faw plant before settlements in a sense with changchun first automobile manufactory has witnessed the development of changchun city. From cultural value perspective, buildings and regional values, lifestyle and traditions, if compared the culture to the soul, then the architecture and its surround close to rely on the body of its material space environment. Accompanied by the disappearance of the old residential areas, residents relocation, traditional life pattern and the traditional culture will be volatile with the disappearance of the "shell" to "modernization" of city. Dismantling an old residential areas, residential itself on the surface is wiped off, and erase the essentially is to survive in their inner cultural and historical connotation, fracture is an extension of urban civilization, cut the city's "soft power".

■ 問卷調查 | THE QUESTIONNAIRE SURVEY

改造意向 Reform intention　　無改造意向 No reform intention
93%　7%　　　10%

45%　10%　40%
院落 Courtyard　　建築 Buildings　　整體 As a whole

更新側重點 Update the priorities

社區風貌 Community style　　社區功能 Community function
60%　40%　　60%　40%

時尚感 fashion sense　　工業感 industrial　　生活感 life sense　　舒適感 comfort　　科技感 technological

■ 設計概念 | THE DESIGN CONCEPT

喚醒 → 街區：將陳舊破敗的街區喚醒，注入新鮮血液，吸引年輕人來到這裡給老街區注入新鮮血液，恢復昔日的活力
人：喚醒年輕人對老街區記憶的片段

新生 → 街區：在尊重歷史保護老街區優秀品質的基礎上將街區進行改造使其煥然一新，新生后的街區給居住在這裡的人提供交往空間
人：使居住在這裡的年輕人產生關於歷史街區新的記憶

文化價值 Cultural Value

從文化價值的角度看，建築與地域價值觀，生活方式和傳統習俗一脈相承，若把文化比作靈魂，那麼建築及其周圍合時適度空間環境便是它賴以生存的軀殼。

伴隨著老房子的消失，原住居民的遷徙，傳統生活模式和傳統文化也將隨著"軀殼"的消失而淹沒於"現代化"的都市中。

拆除一個地區老建築，表面上是區去建築本身，而實質上抹掉的是生存於它們體內的文化內涵，斷裂的是一個城市文明的再延續，消減的是這個城市的文化"軟實力"。

■ 功能劃分 | FUNCTIONAL DIVISION

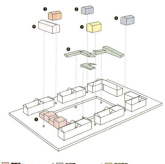

1. 便利店 Convenience store　　2. 灰空間 Grey space　　3. 俄式廣場 The Russian simple-meat
4. 俄式餐廳 Russian restaurant　　5. 1953CLUB 1953CLUB　　6. 半地下空間 ICAFE A half underground space

学校：东北师范大学美术学院　　指导老师：王铁军　刘学文　刘治龙　　学生：罗田

★ "工业精神"的继承与历史住区的再生 —— 195叁 青年生活社区概念设计
"INDUSTRIAL SPIRIT" OF INHERITANCE AND THE REGENERATION OF HISTORIC SETTLEMENTS——1953 YOUNG LIFE COMMUNITY CONCEPT DESIGN

■ 区域环境分析 | THE REGIONAL ENVIRONMENTAL ANALYSIS

主干路交通系统 Arterial road traffic system

次干路交通系统 One transport system

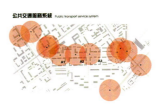
公共交通服务系统 Public transport service system

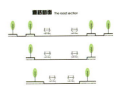
道路断面 The road section

■ 社区改造设计方法 | THE DESIGN METHOD OF TRANSFORMATION OF COMMUNITY

■ 平面图 | FLOOR PLAN

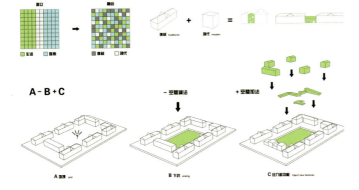

■ 半地下空间的注入 | HALF OF THE UNDERGROUND SPACE INJECTION

■ 空间形态分析 | SPACE ANALYSIS

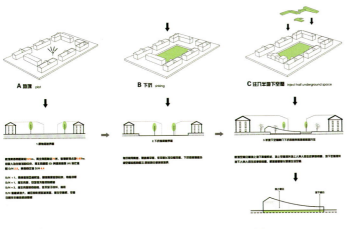

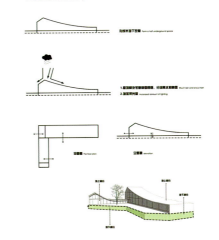

■ 社区内部空间分析 | COMMUNITY INTERNAL SPACE ANALYSIS

■ A-A'剖面图 A-A' profile

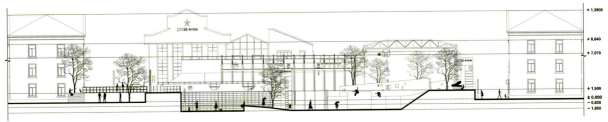

学校：东北师范大学美术学院　　指导老师：王铁军　刘学文　刘治龙　　学生：罗田

"工業精神"的繼承與歷史住區的再生 —— 195叁 青年生活社區景念設計
"INDUSTRIAL SPIRIT" OF INHERITANCE AND THE REGENERATION OF HISTORIC SETTLEMENTS——1953 YOUNG LIFE COMMUNITY CONCEPT DESIGN

■ 空間尺度分析 | SPATIAL SCALE ANALYSIS　　■ 豎向管井分析 | ANALYSIS OF THE VERTICAL WELLS

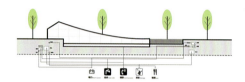

■ 形態推導過程 | THE PROCESS FORM　　■ 空間材質分析 | SPACE MATERIAL ANALYSIS

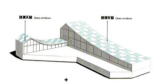

■ 剖面說明 | PROFILE DESCRIPTION

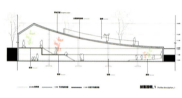
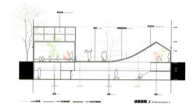
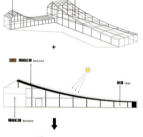

■ 植物配置 | The plant configuration

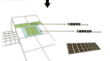

■ 太陽能的應用 | APPLICATION OF SOLAR ENERGY　　■ 景觀設施設計 | LANDSCAPE FACILITIES DESIGN

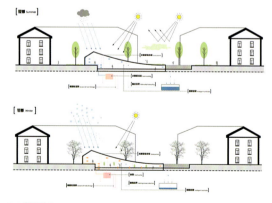
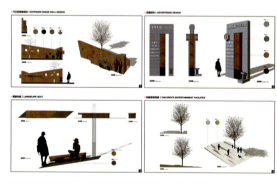

■ B-B´剖面圖 B-B´ profile

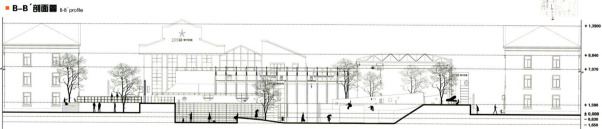

学校：东北师范大学美术学院　　指导老师：王铁军　刘学文　刘治龙　　学生：罗田

★ "工業精神"的繼承與歷史住區的再生 —— 195叁 青年生活社區概念設計
"INDUSTRIAL SPIRIT" OF INHERITANCE AND THE REGENERATION OF HISTORIC SETTLEMENTS——1953 Young Life community concept design

■ 方案效果圖 | SCHEME FOR RENDERING

青年社區整體材質以工業時代樸素的紅磚牆面為主，延續原有建築氛圍的同時，勾勒出社區工業文化輪廓。細節融融几汽車元素，從而講述社區汽車文化。玻璃幕牆的襯托，與鋼骨架，傳統紅磚，延續了歷史街區的時代感，同時又刻畫出現代時尚的社區氛圍。

Youth community as a whole material is given priority to with industrial age plain red brick walls, continuation of the original building atmosphere at the same time, draw an outline of the community industry culture. Details into the element, which tells the community car culture. Into glass curtain wall, and the steel skeleton, the traditional red brick, the continuation of the historic blocks in the contemporary, and portrays the modern fashion community atmosphere at the same time.

1. 創意廣場1　　2. 創意廣場2
3. 極限運動場　　4. 青年社區入口

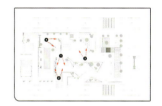

点评：作品从原建筑环境的优势、劣势、机会、威胁等几方面做了充分的调研分析，发现问题，解决问题。设计保留其原有工业精神特色，以休闲青年社区为其功能定位，提出了唤醒和新生的设计理念，体现了设计者将空间赋予生命，是内心情感的表达。从空间形态上，新、旧建筑形式错落对比，体现出建筑空间特有的地域性和文化性。并从平、立面图、功能、环境气候、形态推导、材质分析、植物配置、太阳能、景观设施等多方面做了系统的分析，反映了设计者对空间细微的观察、对生活的积极态度及其全面的设计能力。

学校：同济大学建筑与城市规划学院建筑系　　指导老师：沙永杰　　学生：徐涤非　吴熠丰

区域 A 更新策略与框架
——创造高质量居住品质社区

芦墟镇小尺度更新实验——区域 A 更新设计

080349 徐涤非　080379 吴熠丰　指导老师：沙永杰

区域 A 在人民桥区域，是历史建筑保存最完好的区域；这片区域的更新是以历史建筑为依据展开，部分肌理保留，部分按历史肌理修复，余下片区在历史建筑的框架下寻找新的更新策略。
主要的更新策略与框架由城市设计尺度的几个因素构成，实验地块在城市框架和历史建筑的原型模板下得出。

区域 A 更新实验边界　　区域 A 内地块划分边界

区域 A 历史建筑原型

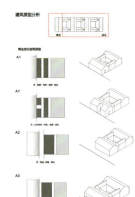
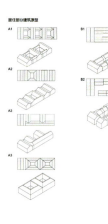

区域 3 在人民桥区域，是历史建筑保存最完好的区域；历史建筑中有三种基本的建筑类型，这三种类型可以作为更新的依据，并得到新的住户组织机制。

区域 A 更新层级

更新实验区域内建筑边界　　恢复、清理后的更新实验区域肌理　　保护、恢复建筑与待填充区域

建筑类型分类

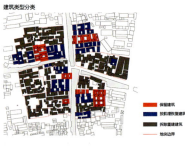
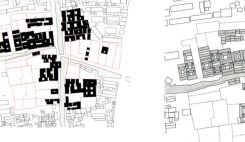

保留建筑
按肌理恢复建筑
拆除重建建筑
地块边界

这片区域的更新是以历史建筑为依据展开，部分肌理保留，部分按历史肌理修复，余下片区在历史建筑的框架下寻找新的更新策略。由于尺度和机制类似，原型户型研究为新建筑的居住方式提供基础和参考。

区域 A 功能、道路框架

区域 A 保留建筑功能　　　　区域 A 地块划分保留　　　　区域 A 路径变化

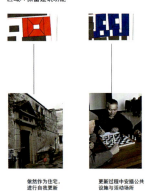

依然作为住宅，进行自我更新　　更新过程中安插公共设施与活动场所

拟保留建筑
原路网示意
建议规划路网

区域 A 更新措施
——根据现存建筑问题，得到更新可能性

芦墟镇小尺度更新实验——区域 A 更新设计

080349 徐涤非 080379 吴熠丰 指导老师：沙永杰

组团入户形式

更新实验区域内现保留的建筑类型中，入户空间是最大而且最引人注目的一个问题；其保留了古建筑的形制，却抛弃了古建筑的入户和居住关系，因此会形成一系列的问题。通过对其的研究和改善，可以优化居民的居住体验。

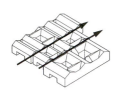

入户空间现状：消极

由于封闭廊式入户的设置，深处的住户需要经过很长一段消极的黑暗空间。

入户空间只有一个走廊和开口，黑暗而且十分不友好。

措施1：从中间入户

措施2：组团间开辟道路

建筑原型关系

更新实验区域内现保留和恢复原始机理的建筑类型，通过其所属建造范围的不同，可根据用地沿街宽度分为四类。对于建筑类型研究的分类有助于我们理解建筑在不同用地上"量"的变化与形式的可能性，对于之后在更新区域的建筑类型填充具有指导意义。

地块类型 I

使用面积：498 ㎡/户
庭院面积：66 ㎡/户
FAR：1.58

更新实验区域内存在量最大的建筑类型，地块沿街宽度在21米左右。

地块类型 II

使用面积：350 ㎡/户
庭院面积：50 ㎡/户
FAR：1.67

更新实验区域内存在量最大的建筑类型，地块沿街宽度变化较为多变，地块沿街宽度在15米左右。

地块类型 III

使用面积：126 ㎡/户
庭院面积：27 ㎡/户
FAR：1.4

更新实验区域内存在量最少的建筑类型，地块沿街宽度在9米左右，相对性质差。

地块类型 IV

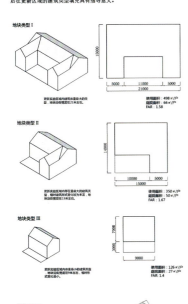

庭院空间缺乏

庭院面积：11㎡/户

庭院面积：16.7㎡/户

原始状况下庭院为一户独有，整体空间围合感良好，所属感明确。

现状下由于一栋建筑被分割为多户共同居住，原来围合良好的庭院被分割，切庭院所属不明，导致庭院衰败。

由于本身居住面积较小，极少出现混居的情况，庭院所属明确，估保留现状也整体较好。

措施：庭院关系重组

居住组团底层开放空间作为公共空间

增设属于每户的二层平台

组合

借鉴更新实验区内原始的居住空间庭院的优点，并同时考虑到当出现一个居住组团内有多户共同居住时这种庭院空间的尴尬，我们将一个居住组团的底层开放空间全部设置为公共空间，并保留原始类型中的大屋面的拓补关系，营造组团内的公共生活氛围。同时可以得到的庭院空间围合关系为原型，得到私人庭院与其居住空间的关系，并将这种关系组合置入大的居住组团内（私人庭院置于二层），实现公共—私密的两层室外空间。

区域 A 居住单元更新可能性

芦墟镇小尺度更新实验——区域 A 更新设计

080349 徐涤非　080379 吴熠丰　指导老师：沙永杰

单体组成可能性（基于户型可能性）

基本体量原型

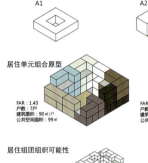
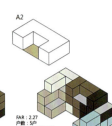
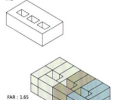
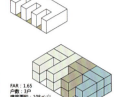
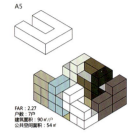

居住单元组合原型

A1　FAR：1.43　户数：7户　建筑面积：90㎡/户　公共空间面积：99㎡

A2　FAR：2.27　户数：5户　建筑面积：90㎡/户　公共空间面积：54㎡

A3　FAR：1.65　户数：3户　建筑面积：108㎡/户　公共空间面积：54㎡

A4　FAR：1.65　户数：3户　建筑面积：108㎡/户　公共空间面积：54㎡

A5　FAR：2.27　户数：7户　建筑面积：90㎡/户　公共空间面积：54㎡

居住组团组织可能性

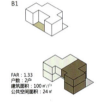

B1　FAR：1.33　户数：2户　建筑面积：100㎡　公共空间面积：24㎡

B2　FAR：2　户数：6户　建筑面积：90㎡　公共空间面积：54㎡

B3　FAR：1.28　户数：3户　建筑面积：96㎡　公共空间面积：54㎡

B4　FAR：1.2　户数：2户　建筑面积：108㎡　公共空间面积：18㎡

B5　FAR：1.5　户数：3户　建筑面积：90㎡　公共空间面积：45㎡

B6

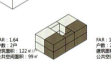

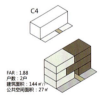

C1　FAR：1.64　户数：2户　建筑面积：122㎡　公共空间面积：99㎡

C2　FAR：1.33　户数：2户　建筑面积：72㎡　公共空间面积：9㎡

C3　FAR：1.0　户数：1户　建筑面积：108㎡　公共空间面积：0㎡

C4　FAR：1.88　户数：2户　建筑面积：144㎡　公共空间面积：27㎡

C5　FAR：2.3　户数：2户　建筑面积：84㎡　公共空间面积：9㎡

地块使用划分建议

总平面图 1:1000

学校：西南林业大学艺术学院　　指导老师：李锐　徐钊　夏冬　包蓉　郭晶　郑绍江　　学生：蒋强苧　刘晓丹　陈熙　曾欢　张天渠　余英　国栋

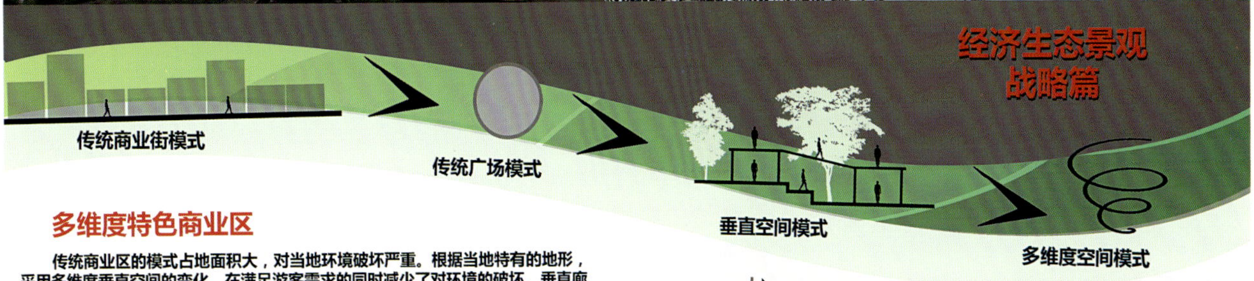

城市设计 中国环境设计学年奖 银奖

经济生态景观 战略篇

传统商业街模式 → 传统广场模式 → 垂直空间模式 → 多维度空间模式

多维度特色商业区

传统商业区的模式占地面积大，对当地环境破坏严重。根据当地特有的地形，采用多维度垂直空间的变化，在满足游客需求的同时减少了对环境的破坏。垂直廊道不仅最大限度的保证了农耕地的完整性，还满足了功能性及美观性。

各求所需，实现双赢

游客 — 观赏 / 体验 — 景观廊道 + 商业街 + 民俗广场 → 多维度的商业区 ← 提高经济收入 / 保证文化传承 — 村民

大占地面积 → 小占地 满足多元化需求

特色旅游度假别墅

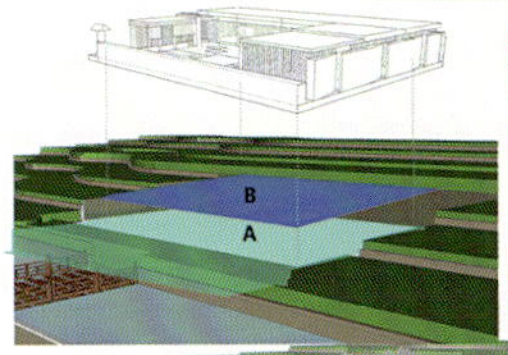

建筑融入环境
梯田景观坡度小，如果在B标高贸然在田园里面建建筑会破坏原有的自然景观。

没有建筑的建筑
让建筑融入环境，让游客融入田园。

没有建筑的梯田　｜　建筑在B标高面：B标高面的建筑遮挡了观赏田园景观的视线，破坏了梯田景观。　｜　建筑在A标高面：A标高面建筑嵌入梯田，融入田园。

游客融入田园
让住在这里的游客体验田园景观就在自己的身边，触手可及。
我们还需要为游客建造舒适的度假宾馆，让游客全方位近距离体验夏洒的田园风情。

外部——美食 休闲 娱乐 体验区
在树荫下、蕉林、蓬林、草地上面休闲娱乐，体验夏洒生活状态。

上层——热带田园观光区
夜间廊道

下层——特色商业区　购物乐趣 在风吹麦浪的景观中购物

河谷气候丰富了游客的活动，村民的夜生活，也是夏洒夜间经济的无限商机。

内部——民俗文化体验区
五月似火的夏洒，不分男女老少，体验哀牢山的"圣水"从天而降，让你享受沐浴节最高的礼赞。

03

071

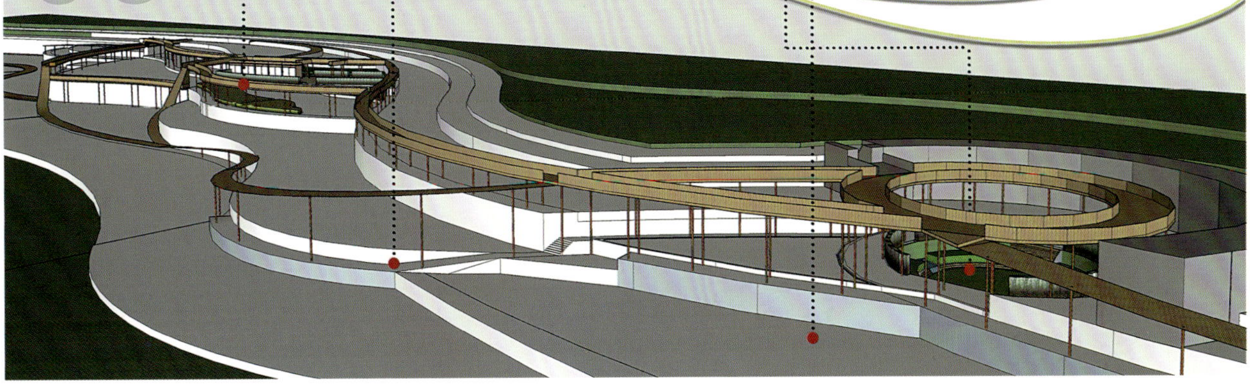

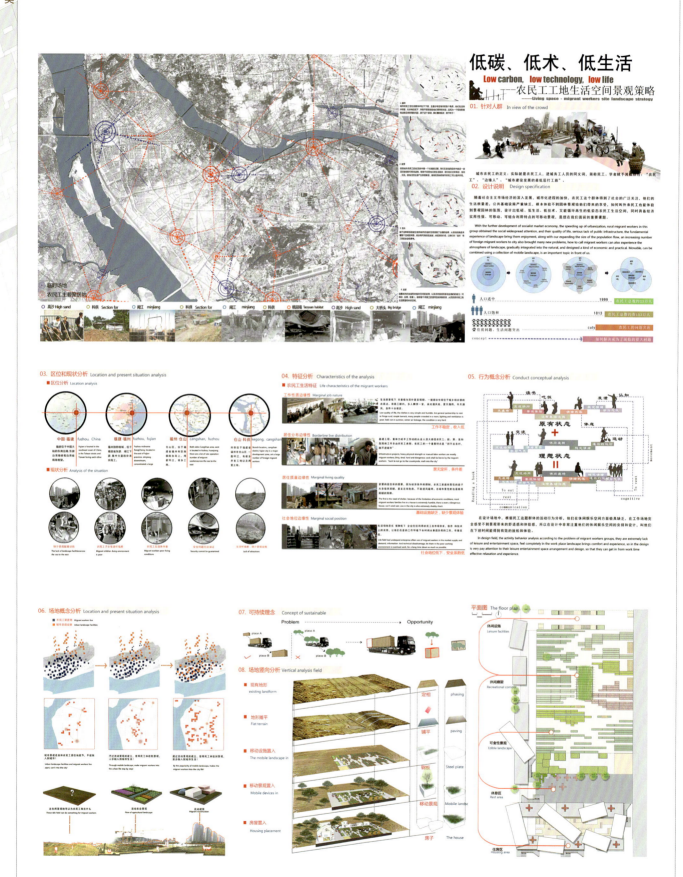

学校：福建农林大学艺术学院艺术设计系　　指导老师：郑洪乐　　学生：高东东

低碳、低术、低生活
Low carbon, low technology, low life
——农民工工地生活空间景观策略
Living space - migrant workers site landscape strategy

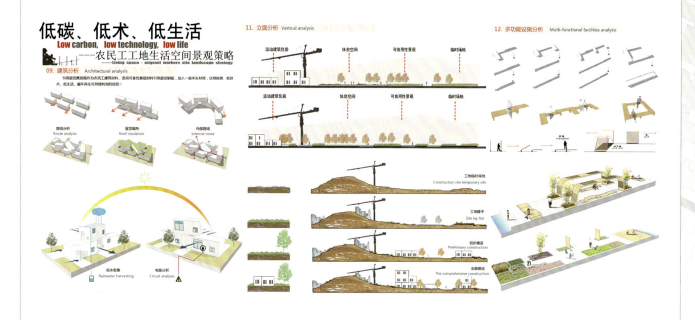

点评：利用建筑业与工业循环材料进行模数化设计，体现低碳低技术低成本生活空间，提高当下农民工弱势群体恶劣的生活环境。这种探索是社会发展对农民工的关怀，也体现当下城市设计的社会责任感。低碳循环是原则、低技术是手段、低成本低生活是目的。

城·村共融
——重建广州海珠区泰宁村

学校： 广州美术学院建筑艺术设计学院　　**指导老师：** 杨一丁　李致尧　吴锦江　　**学生：** 谢志艺

本设计的出发点是始于对"城中村"无限创造力的自发行为的欣赏，以及对居住于其中的社会群体需求的尊重，和对城市楼盘式社区住宅建筑的单一面貌感到乏味与厌倦。为了延续自然村传统聚落多样性的建筑模式面貌，寻求自然村落的自发经营与政府主导的商业开发模式之间的平衡点。本方案以先建造大型的公共框架（人工基地），采用开放式的营造体系，村民在主体框架内下可以自由进行建造、维修、改造自宅。延续利用社区内村民的多样性能力量，充分发挥村民们的生活想象力以符合生活的变化。她将是一个可以的可持续成长的社区，最终形成一个独立的、多样性的和充满活力的社区。

开放式的填充型住宅设计
关键词： 城中村改造　可生长　开放式　填充型建筑

泰宁村背景
上世纪90年代前期，广州大部分村落依然保持规规矩矩的2-3层加庭院的原农村村落。到了中期，广州由于城市化进程加快，大量的人口涌入，带动了广州的廉租房市场，泰宁村也自发地展开城市化。

由于土地政策二元制分治管理问题，导致政府只对城区提供相应的服务和福利以及基础设施建设，而城中村依然保持乡村土地管理模式，城市规划也忽略了城中村的未来建设。村民在尝到廉租房的甜头和农村集体农用土地也被征收完的情况下，村民由外转内，加高加密，"贴面楼""握手楼""一线天"现象就慢慢地形成了。根据广州市城市规划条例私房改造的有关规定，私人建房不能超过3层，建筑限高为两层半，城中村的房屋普遍是违章建筑。在处理城中村违建方面，政府一直不遗余力，一味打击而不放到城市规划方向上来加以引导，最终效果往往不显著，也就导致"城中村"扭曲其形发展成这种极端的现象。

泰宁村南边接南泰路城市干道，交通十分便利。由于土地制度问题，导致完善城市功能和产业提升相当滞后，这里看到的并不是通常所说的"握手楼"，而是更亲密接触的"接吻楼"和"贴面楼"，密集的楼房二层以上悬挑的空间紧贴在一起，遮天蔽日以致在阳光普照的正午，楼与楼的夹缝之间居然透不进一缕阳光，所有人和物都被笼罩在阴暗当中。

尽管"城中村"过度自由发展的面貌并不光鲜靓丽，但是里面的村民们用自己的力量，创造出每一个恰如其分的空间，没有丝毫的浪费。

现存的改造状况
两大改造模式

广州"城中村"现存有两大改造模式，一类是全面改造，另一类是综合整治。全面改造主要是针对城市重点改造区对完善城市功能和产业提升有较大影响的一批城中村，按照城市规划要求，以整体拆除重建为主，实行全面改造，如天河区猎德村；而综合整治，对位于城区周边外围，环境较好，公共服务配套设施不完善的"城中村"，以改善"城中村"居住环境为目的，实施综合整治。泰宁村所处的地理位置属于第一类型，产业升级和完善城市功能势必行。通常手法是政府先将土地收购，引导入开发商打造封闭式商业住宅楼盘。而封闭式住宅建筑存在的弊端。

封闭式住宅建筑的弊端

a、通风和采光差
通风对于广州地区的建筑尤为重要，而封闭式住宅建筑里的每户住宅通常只有一面开窗采光，北向的住宅除夏至日前后几天外，几乎常年没有日照直射入内，通常依赖人工电器设备通风降温，消防逃生通道存有局限性。

b、邻里关系淡化
封闭式住宅里的居民通常只有地面层是公共交流空间，而楼层上的邻里之间缺乏可相互的交流机会和空间，随着淡化了的街坊邻里之间的关系，最终形成冷清的社区氛围。

c、社区面貌单一乏味
一座座雷同的城市化的"丰碑"式的商业楼盘建筑单调乏味，完全无法体现城市生活多样性的面貌，也未能充分用尽大庞大居民们的无限力量。

d、灵活性差
相对于日本S1开放式住宅建筑体系相比，住宅布局不灵活，对家庭人口结构变化适应性差，楼体外围维护层间隔，也就导致了"大量建造、大量消费、大量拆除"的资源严重浪费现象突出。

多样的城市化

城市化只能在国有土地上进行吗？1982年宪法第十条规定："城市的土地属于国家所有"，并没有规定城市化进程中，农村集体土地必然须国有化的原则和程序。更多的是确认当时既成的土地占有事实——文革期间对全国城镇私房连同下面的土地全部收缴的成果。而国外的城市化也有不少是在私有土地上完成的。

我们的城市空间形态是由多样不同的城市建设者和部分设计者提供的样式决定。他们却没有考虑未来可能就居住一辈子的人们留下干可营造国围环境的空间余地。我们的城市建筑缺乏与人民的互动，完全忽略了居住在其中的人民的强大力量。对此，本方案尝试在集体土地上进行城市化，试图延续自然村落自我营造的模式，让居住里面的居民可以不断地经营自家的房子和周边环境。

杂交·共生

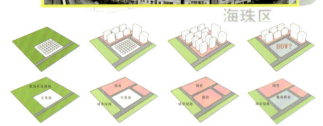

自然村模式　　城市集合模式　　城村共融

杂交共生
密度作为一个热话题，已被讨论已久，虽然有大量的相关成果，但是它仍然是一个未有结论的话题。土地的承载力究竟有多大？如何在地块内容纳尽可能多的居民，又具有良好的日照、通风和舒适度？如何营造一个充满活力的多样性社区？自然村的模式能否得以延续？

自然村充分发挥了村民们的力量、建造模式的多样化和个性化，造就了充满活力的村落。而城市里的高密度建筑并不一定消耗极多，至少，它提供的便利性、高效性和资源集中化，生活极其丰富的。低密度状态下是无法获得的。避免将与村的优势进行杂交，重新组合模式。

尝试集体开发
对此，面对自然村落的自我经营与政府主导的商业开发模式之间的平衡点。本方案尝试在集体开发土地上进行多样化，尝试延续村中的自我发作社组织，以政府为监督，合作社为主导带领村民与到城中村改造借鉴日本S1开放式住宅建筑体系，拉高每层间距，朝纵向发展，采用开放型填充式住宅建筑设计，建造大型主体框架结构为成"人工基地"，并在一定的条件范围内赋予村民自由建造、维修、改造的权利，单元户的不断更新最终形成独立的、多样的和充满活力的综合体社区。

主体建筑生成

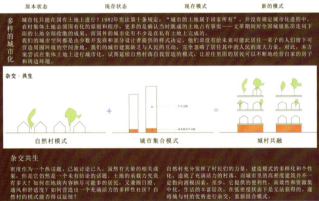

现状　　叠加　　单向日照　　扭折　　交流平台　　渗透　　南面降低　　大型连体建筑

解决极高密度问题
为了降低泰宁村的建筑密度和提高社区好适度等问题，并确保容积率不超过4。本方案先建造大型的建筑主体框架，构成"人工基地"，可以使大部分住宅建筑住空中转移，形成叠加的立体村落，可以获取更多的空置空间，改善建筑通风、采光等问题，提高社区的好适度。

建筑造型受日照影响
为避免传统社区建筑北向非常年缺乏日照的问题，遂将建筑扭折，以确保大部分住户都能满足1小时的日照时间。

营造更多的公共空间
大型的建筑主体框架构筑成"人工基地"，基地平台两侧错落有序地摆放房子形式的卷面体，互相之间留出更多的公共交流机会和空间，促进居民社区交往形成和谐融洽的社区氛围。

业态升级
泰宁村在不断改建的过程中，逐步地引入人工性功能，实质上是在自发城市化的典型城市。为了更高效地利用泰宁村所处的地理优势，本方案的主体框架首层作为商业活动的空间，大面积的商业空间可以提供更多的商业单位进驻，实现业态功能升级，从而获取更多的收益利益。

主体造型
建筑主体造型受周边环境、日照、季风以及人居建筑坐北朝南的传统习惯影响，最终形成南低北高的连体建筑层现，置入绿化和社区的相关功能，形成线性的空中花园，成为居民欣赏周边城市景观的好场所。

城市设计 中国环境设计学年奖 银奖

学校：广州美术学院建筑艺术设计学院　　指导老师：杨一丁　李致尧　吴锦江　　学生：谢志艺

住宅与商业分布关系

建筑功能主要分为商业和居住空间，商业空间主要受南边城市主干道影响，通过半围合院落由城市主干道向社区内部渗透。地面层空间主要作为商业空间和部分社区公共活动的空间，商业活动空间范围由南向北递减，而居住空间受北边泰宁菜市场的影响空间布置恰好相反。

单元住宅的再生性

建设一个资源节约型社会是可持续发展的原则。在住宅领域，尽量延长其使用年限就是最大的行为。而近年来我国各地大拆大建愈演愈烈，除了业绩面子工程外，主要是由于建筑本身性能差（如建筑面积小，户型难改造，没有良好的建筑形象和舒适的空间尺度），导致生命周期短，造成人力、物力、能源和运力资源的严重浪费。

本方案"人工基地"采用高耐久性的主体框架结构。在上面建造单元住宅，主体结构楼板内可以自由布置家具、电管道等设备。因此，在限定的范围内，建造住宅时可以根据住户的喜好，采用不同风格的建筑布局和造型，尽量利用居民的多样性力量丰富社区面貌。由于是单户自宅，所以单元建筑可以得到及时的维修。在必要时可以更新改建自宅，而单元建筑布局规格也可以进行变更。同时，可避免整栋楼体被拆毁的浪费。

立体式绿化

与传统社区的单层平面绿化相比，本方案可以实现立体式的绿化方式。主体框架可以增添绿化面积，屋面层作为空中花园，调解社区微气候，改善社区整体的环境质量。

规则与自由

在城市规划学中，特定的规划往往产生特定的自由。因此，本方案力求寻找泰宁村未来自由发展弹性和可能性，在保留城中村自发行为的基础上，尝试为这些自由创建一个规则载体——通过50m×20m×5m，50m×20m×10m和50m×20m×15m高耐久的大型主体框架结构形成"人工基地"，实行开放式填充商业和住宅单元建筑。二层以上为填充单元住宅建筑。主体框架与单元住宅建筑分离，可以保持住宅在基地上弹性发展空间。

填充住宅的主体框架内又分为14m×20m×15m和14m×20m×10m两种网格，每个单位网格内为两户，15m高的网格内每户为4层，主要放在主体框架第二层，是对白天采光和通风相对较困的补偿，10m高的网格内每户为3层，其面积大于等于现状的每户合法面积，原本面积较小的村民需补交一定的金额，是对方面积较大户的补偿。为了避免泰宁村过度自由发展成负面的极端现象再次产生，在主体框架的网格内，如采用A类户型布局的每户村民可于8m×8.5m基地范围内，任意住外悬挑和改造自宅。但每户住宅必须保持5m×8.5m×10m的立体空置空间，作为及门户的花园空地和采光空间，形成两户相互监督建造的关系。如户主反有意合作社调解不成功，将按起初的合同协议规定撤销其所占有社区商业获利的股份金额，给旁边的邻居作为补偿。

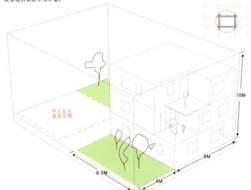

雨水收集

水对城市而言尤为重要。本案屋面采用了雨水收集系统，将收集到的雨水简单过滤后储藏在地下水池，晴天时可用作社区绿化灌溉和街道冲洗用水。

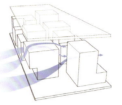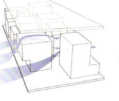

错落有致的空隙空间

与传统封闭式的楼盘住宅相比，在开放式的人工基地上填充单元住宅建筑，可以形成错落有致的空隙空间。相比较传统被封闭式小区住宅建筑，填充式的住宅建筑不再是绝对的分离和断裂室外空间，而是以多空隙的外空间的缓和方式共存。多空隙的空间相互贯通，气流能畅顺流动，自然空气散去，不需要依赖人工设备，温度就可自然降低。居民们可以在附近较处聊天乘凉，增进邻里们友好的关系。此外当单元住宅发生意外火灾时，居民可以快速逃生到安全地方，消防员可以不用借助登高车道，快速灭火有利。而且单元户发生火灾时也不会快速危机整个社区安全。

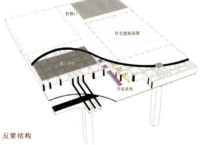

反梁结构

人工基地主体框架采用高耐久性的井字梁反梁结构建造，井字梁可以预先留好固定住宅底板的孔洞，从公共通道区域上铺设可活动的地板形成双层楼板结构，可以布市政的水、电等设备管道放入其中。另外附带的花园区域和屋顶可以更好地覆土种植绿化植被，每户建造住宅时需住户自己铺设地板。

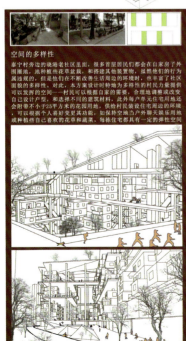

空间的多样性

泰宁村旁边的燎原老社区里面，很多首居居民们都会在自家房子外围圈地，地种植些花草盆栽，和搭建其他筑置物。风整他们的行为虽属边缘的，但是他们在不断改善生活周边的环境时，也丰富了社区面貌的多样性。对此，本方案设计时特地为多样性的村民力量提供可以发挥的空间——村民可以根据自家的需要，合理地调整或改变自己设计户型，和选择不同的建筑材料，此外每户单元住宅用地总会附带不小于25平方米的花园用地，供依村民装设住宅周边的环境，可以根据个人喜好变更其风格，如保持交地户外脚下喜欢采用地或种植些自己喜欢的花草和蔬菜，每栋住宅都具有一定的弹性空间。

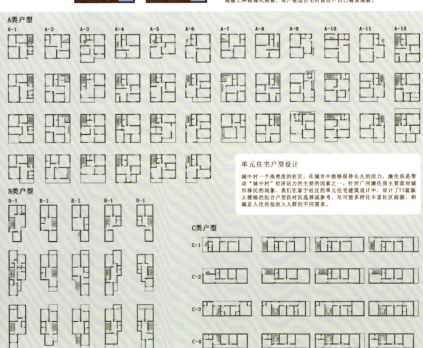

单元住宅户型设计

城中村一个高密度的社区，在城市中能够保持长久的活力，廉住房是带动"城中村"经济活力的主要的因素之一。针对广州廉住房主要面对城市移民的现象，我们在泰宁社区的单元住宅建筑设计中，设计了73套独立楼梯的组合户型供村民选择或参考，尽可能多样化丰富社区面貌，和满足入住的低收入人群的不同需求。

075

学校：华南理工大学建筑学院　　指导老师：周剑云　戚冬瑾　黄铎　　学生：何岸咏　林康强　黄倩

【岭南·工园】
LINGNAN · INDUSTRY & PARK

第一章，背景与定位 BACKGROUND & POSITION

1.1 项目概况　PROJECT OVERVIEW

本项目位于广州荔湾区西村电厂。它原名为广州发电厂，是广东省现存最老的发电厂，1935年始建，现已发展成以发电为主、供热为辅的综合燃煤热电厂。基地总占地面积为22.78公顷。

上世纪90年代之后，广州城市迅猛发展，使得原西村电厂至今成为城市中的电厂，对周边环境产生负面的影响。市民环保意识的提高、广州电力供应的多元化以及城市分布式能源站的发展趋势，计划对燃煤电厂改造为燃气电厂。总体发展要求是广电升级改造项目——煤改气、电力博物馆、现代服务业三位一体的综合发展。

1.2 宏观分析　MACRO VIEW ANALYSIS

关键词：　"岭南建筑"　　+　　"工业改造"

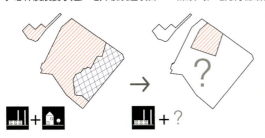

1.3 中观分析　MEDIUM VIEW ANALYSIS

问题1 被遗忘的沿江面　　　　问题2 立体上交通的不便　　亮点 废旧铁路

串联了周边若干公园

关键词：　开放"沿江面"　　+　　提高"可达性"

1.4 微观分析　MICRO VIEW ANALYSIS　　**1.5 项目定位　PROJECT POSITION**

周边居民意愿

非电厂员工的居民都对电厂怨声载道，希望有更多的开放空间，而电厂员工虽然对小区的生活环境有所不满，但大多不愿有较大搬迁，希望对电厂整体环境进行提升。

电厂意愿

煤改气的修建已经投入超过10亿，希望剩余场地的改造能尽量投入较少，并能为公司带来正面影响。

关键词："微创改造"提升"环境质量"

岭南	工	园	设计定位
地域文化的承载	继承	创新	既有城市历史记忆，又有时代创新，汇集工业遗存，庭园办公，绿色居住的**生产、生活、生态**为一体的**广州首个城市级滨水工业公园区**，并将周围公园连片
	■ 原办公楼房	■ 新岭南办公园	
	■ 旧燃煤设备	■ 新电力博物馆	
	■ 老工业岸线	■ 滨江休闲娱乐	
	■ 老铁路运输	■ 铁路延伸绿道	
	■ 原转运煤棚	■ 煤棚广场	
	■ 旧居民楼	■ 新岭南居住区	

June 2013

廣州西村電廠地段更新改造城市设计
GUANGZHOU XICUN POWER PLANT AREA RENOVATION DESIGN

华南理工大学2008级建筑城规　何岸咏 林康强 黄倩

【嶺南·工園】
LINGNAN · INDUSTRY & PARK

第二章，总体设计 OVERALL DESIGN

2.1 总平面图　SITE PLAN

02

我们在我们的岭南工园中，根据原有的场地现状设置了**八大标志性景点**，我们希望能通过这八大景点来让游玩的旅客充分感受到场地原有的工业记忆。

1 时光通廊
2 黑煤栈道
3 迷雾森林
4 磁感螺旋
5 机械之垒
6 烟峰观台
7 水雾舞影
8 粤水南畔

2.2 规划分析　PLANNING ANALYSIS

規划理念　　分区规划　　植被保留

现状建筑　　规划建筑　　建筑功能

廣州西村電廠地段更新改造城市設計
GUANGZHOU XICUN POWER PLANT AREA RENOVATION DESIGN

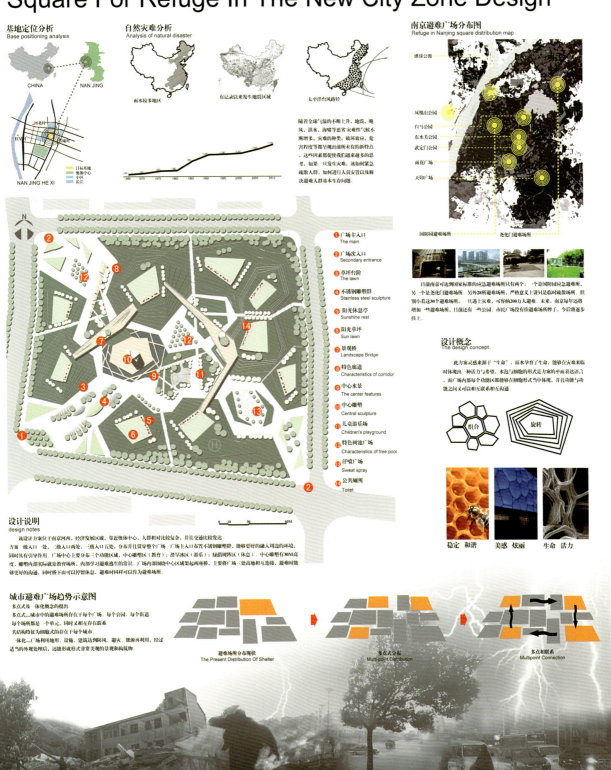

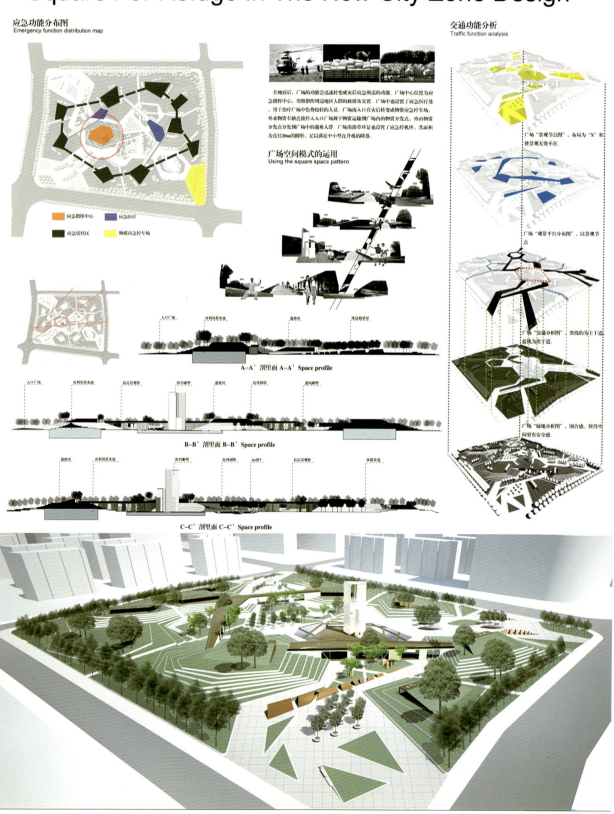

学校：东北师范大学美术学院　　指导老师：王铁军　刘学文　刘治龙　　学生：尹春然

中国环境设计学年奖 / 铜奖 / 城市设计

To regain the forgotten pure
重拾被遗忘DE CHUN CUI
—— 长春第一汽车制造厂厂前宿舍区公共空间再生计划

■区域背景

2009年11月20日长春第一汽车厂厂前宿舍区被列为长春首批历史文化街区，该社区在国内较早的引入了邻里单位的规划思想。邻里单位的规划思想加上周边式的布局形成了代表苏联当时对社会主义生活模式的定位与构想。

■院落布局分析

形成年代	1954年
院落占地	2.29公顷
特色建筑	中国传统大屋顶建筑造型 三、四层清水红砖建筑
建筑层高	宿舍楼
建筑性质	宿舍楼三层11栋，四层3栋，平面呈"一"字形4栋，"L"形10栋，"U"形一栋。
建筑数量	

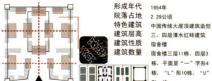

■院落空间分析

中轴庭院
地下室空间

通过对社区的现场调研，地下室空间处于荒废状态，本次设计将通过充分利用现有的地下室空间，激活地面空间，以满足社区居民对冬季公共空间以及不同季节地面院落空间的需求。

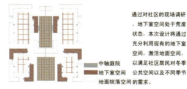

■基地概况

周围业态分析
居民区
工业区
学校
公园、绿地
体育
商业
东风大街
街道

■人员结构分析

儿童　　社区缺少供儿童玩耍的公共场所，对室外的公共空间诉求较高。

现有一汽职工　　朝九晚五的工作性质，使这类住户白天在社区停留的时间较短，社区活动主要集中在晚饭以后。

外来租户　　朝九晚五的工作性质，是这类住户白天在社区停留的时间较少，社区活动主要集中在晚饭以后。

一汽退休职工　　在社区停留时间最长，对社区活动的灵活性较强，对社区公共空间以及可参与性活动诉求较高。

■优劣势分析

中心城市，交通便利　　是一汽最早建筑之一，具有良好的历史文化价值　　社区住宅层高以三四层为主，院落尺度大，尺度感强　　典型的东北四合院布局，由主体建筑围合成五个院落增加了院落的围合感，同时增加了游走于其中的乐趣。

社区基础设施破坏严重　　庭院公共景观陈旧　　寒冷的冬季缺少室外公共交流空间　　儿童在庭院内缺少参与互动性介质　　社区出入口多，建筑的相似性一定程度上减弱了院落的方向感。

081

学校：东北师范大学美术学院　　指导老师：王铁军　刘学文　刘治龙　　学生：尹春然

To regain the forgotten pure
重拾被遗忘DE CHUN CUI
—— 长春第一汽车制造厂厂前宿舍区公共空间再生计划　　To regain the forgotten pure 2

概念引入

第一条线索	第二条线索	第三条线索	传统社区公共空间与居民的关系
重拾	被遗忘	纯粹	
↓	↓	↓	
自然美 邻里情	农耕文化 院落空间	自给自足 悠闲惬意	

A类　A 社区公共空间仅作为步道被使用，场地与人没有互动，没有发挥其应有的功能。

B类　B 社区公共绿地空间过度保护，仅作为观赏性景观，人与庭院之间处于隔离状态。

C类　C 社区绿植绿化仅作为观赏以及遮阴纳凉的媒介，没有与居民之间形成良好互动。

对社区公共空间与居民关系预想的思想
↓
庭院通过对居民参与性活动的诱导，增加居民与庭院的互动。改善现有冷漠的邻里关系，增强居民之间的互动交流，使原有的历史街区焕发新的活力。

方案定位

在解决社区居民对冬季公共空间需求的基础上，植入生产性景观元素。

生产性景观诱导因素分析：

观赏性　　生产性景观有较强的时令性，不同的季节呈现不同的景观特质。
生产性　　在社区居民精心修整下，作物为社区提供天然无公害的水果蔬菜。
科普性　　农作物作为农业文明的象征，以及都市景观自然周期运转的表述，为社区儿童提供室外亲近自然的大讲堂。
互动、参与性　生产性景观作为沟通居民与社区，居民与居民之间的媒介，对居民参与性活动具有诱导作用。
　　　　　为社区退休职工提供自我价值实现的平台
目标：　　引发人们身处街区时产生共鸣，共鸣作为互动的起因，进而产生故事、乐趣，从而提升场所的魅力和区域价值。

功能规划

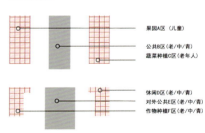

果园A区（儿童）
公共B区（老/中/青）
蔬菜种植C区（老年人）

休闲D区（老/中/青）
对外公共区（老/中/青）
作物种植F区（老/中/青）

点评：作品以重拾和再生为设计关键词，将记忆和生命注入到设计空间中，为空间赋予了活的动力理念。以种植为手段，体现农耕文化和自给自足的悠闲情趣，激活了空间与人之间的交互关系。设计细节中，设计者以种植载体的变化来满足不同的种植物，高低错落起伏的种植地，丰富了空间的层次，赋予空间以新的生命力，植物随着季节的变化而变化，建筑的面貌也在悄然地改变着，体现了设计者蓬勃向上的设计精神。

学校：华南农业大学林学院风景园林与城市规划系　　指导老师：吴宝娜　　学生：曾舜怡

中国环境设计学年奖　铜奖

立意--以艺术设计解决现存问题

设计思路

从使用人群的遮阴和活动空间需求出发分析得出：" LIGHT "是一款即使不改变现存用地条件都能将它优化成理想公共休憩空间的小型构筑体。

设计构思来源于立体空间的可变性。"LIGHT"由一个小型构筑和若干块隔板组成，构筑被固定放置后，与其连接的隔板可以根据用地的地形、大小、功能以及服务对象等需求进行旋转和拼接，从而围合成为多个相对独立的活动空间，它们共同成为真正为人所设、供人所用的公共场所。

设计深化

细部设计以实用性为主，要充分平衡问题才能保证"LIGHT"空间的稳定性。因此，立面设计必须尽量简单化，建议围合的走向与用地内的植物分布现状相联系，自然环境才是最好的点缀。"LIGHT"是具有公共服务性质的、可复制的构筑物，同时在不同地方它也可以有自己专属的特色。构筑单体的色彩和立面元素可以融合用地所在区域的文化风情，既服务市民，又亲近民心。

设计目的

除了功能上满足使用人群的身心需求，设计上做到简明与创新接合以外，"LIGHT"设计选材也需要做到轻质和环保，符合可持续发展的进步需求。尝试选用廉价的二手钢材以及可循环利用的材料制作作品，响应轻质建材的普及。

以PVC复合材料代替玻璃

PVC材料即聚氯乙烯，它是世界上产量最大的塑料产品之一，根据不同的用途可以加入不同的添加剂，也可以改变颜色。在聚氯乙烯树脂中加入适量的增塑剂，可制成多种硬质、软质和透明制品。

	PVC	有机玻璃	普通玻璃
重量	●	●	●●●
耐磨度	●●	●	●●
安全度	●●●	●●	●
环保度	●●●	●●	●

以WPC木塑复合材料代替实木

WPC板防水、防潮。根本解决了木质产品对潮湿和多水环境中吸水受潮后容易腐烂、膨胀变形的问题，可以使用到传统木制品不能应用的环境中。质轻，安装简单，施工便捷，节省安装时间和费用。

	WPC	实木
重量	●●	●●
防水性	●●●	●
耐用性	●●●	●●
环保度	●●●	●●

以夜光漆代替LED灯

夜光漆是墙艺漆的一种，经过吸收一般可见光照射10到20分钟后，可在黑暗持续发光12个小时左右，可将有限的单调平面扩展为奇特发光的梦幻般多维空间。底色和面色可以自由搭配，并可无限次循环使用。

	夜光漆	LED灯
耗电	●	●●●
辐射	●	●●
价格	●●	●●●
环保度	●●●	●●

设计说明

LIGHT · 城市公共空间小型构筑体概念设计

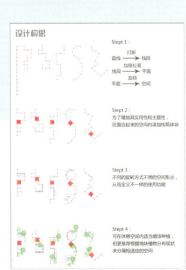

设计构思

Step 1：
打断
直线 → 线段
加厚拉高
线段 → 平面
旋转
平面 → 空间

Step 2：
为了增加其实用性和主题性，在围合起来的空间内添加构筑体块

Step 3：
不同的旋转载方式不同的空间形态，从而定义不一样的使用功能

Step 4：
可在休憩空间内适当增添种植，但要根据用地块植物分布现状来分隔用地适应的空间

组合原理

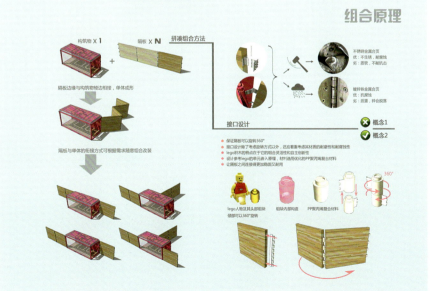

西安市中心城区慢行交通系统构建研究

学校：福建农林大学艺术学院艺术设计系　　指导老师：郑洪乐　　学生：张玉辉

涅槃古民居生活空间

涅磐古民居生活空间
Living space of ancient residents- rebirth from ashes

1. 区位分析:

2. 周边环境分析/Surrounding environment
a. 植物分析 Plant analysis　b. 居民区/Residential areas
c. 高层建筑/highrise　d. 交通/traffic

该地区植物分布少，植物正在衰减状态。
该地区主要以木结构搭建而成的棚户区
周围围繁华地段，高层建筑主要是商业店面和居住为主
该地区道路窄，道路形式单一。

3. 现场照片:

设计说明：
　　设计地点位于福州市，中亭街附近，该地点在清末是主要的繁华地段，后来渐渐落寞，周围皆为旧式建筑与木结构拼接的棚户区，项目原建筑被火烧毁，现荒废无人居住。

4. 周边人群年龄分析/The surrounding crowd age analysis

根据周边环境分析，大部分活动的人群为老年人，中年人和小学生，其中老年人占的比例居多。设计考虑老年人的身体健康，中年人的活动方式和小学生的娱乐项目，体验不同的休闲空间.

5. 思路分析/Thought analysis

现状分析
a. 人口密度高，巷内空间窄，形式单一，缺乏活力空间
b. 清除垃圾，统一杂草，去除不规则菜地和家禽，统一规划休闲用地
c. 破旧的火烧墙，比较密封缺少空间体验和灵动性

分析问题
a. 拓展交通空间，形式多样，增强空间灵活性
b. 清除垃圾，统一杂草，去除不规则菜地和家禽，统一规划休闲
c. 保留火烧墙的历史性，开放空间

解决问题
a. 丰富道路，把道路引向空间，添加景观。
b. 拓展交通空间，形式多样，增强空间灵活性
c. 保留火烧墙肌理，穿透墙体，创建新景观。

学校：福建农林大学艺术学院艺术设计系　　指导老师：郑洪乐　　学生：张玉辉

点评：利用火烧古民居遗留古墙残迹与现代景观"点线面"构成方法，适度组合古墙、玻璃、钢材、水、草坪、灌木，构筑有历史感的公共休闲生活空间，使城市历史破碎空间得以循环延伸，使城市传统记忆与时尚生活共生发展。

景观设计

芦山县玉溪河北段景观设计

学校：四川美术学院建筑艺术系　　指导老师：邓楠　　学生：田乐　胡承泰　和楫川

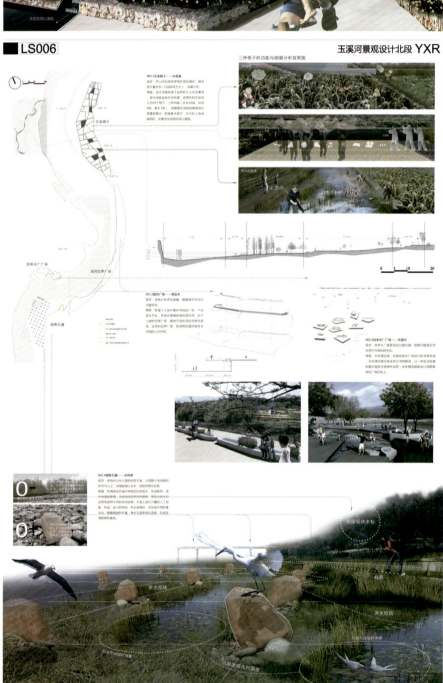

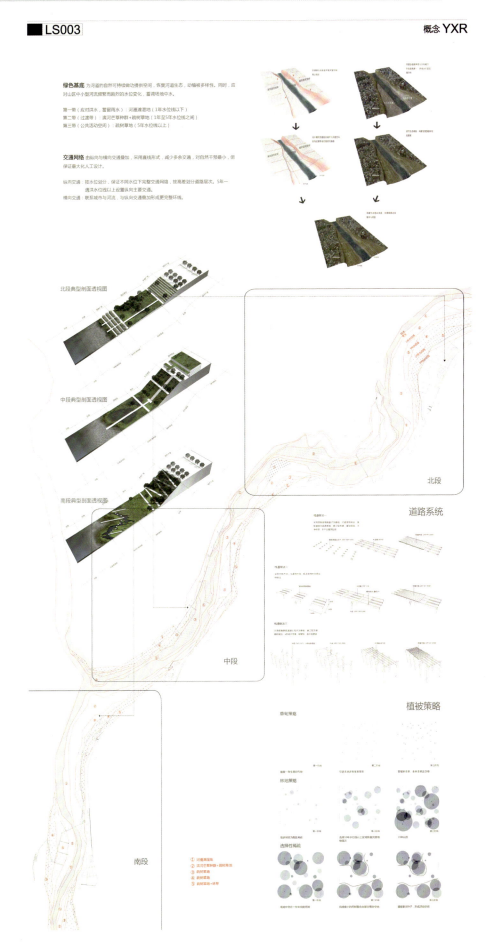

学校：四川美术学院建筑艺术系　　指导老师：邓楠　　学生：田乐　胡承泰　和楫川

LS008　　　　　　　　　　　　　　　　　　　　　玉溪河景观设计南段 YXR

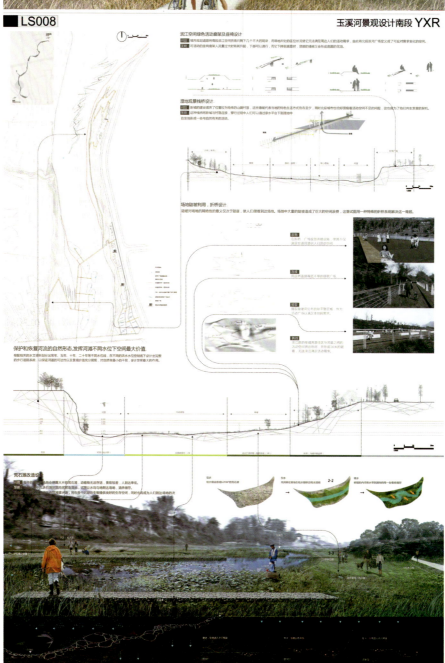

学校：四川美术学院建筑艺术系　　指导老师：邓楠　　学生：田乐　胡承泰　和楫川

LS007　　玉溪河景观设计中段 YXR

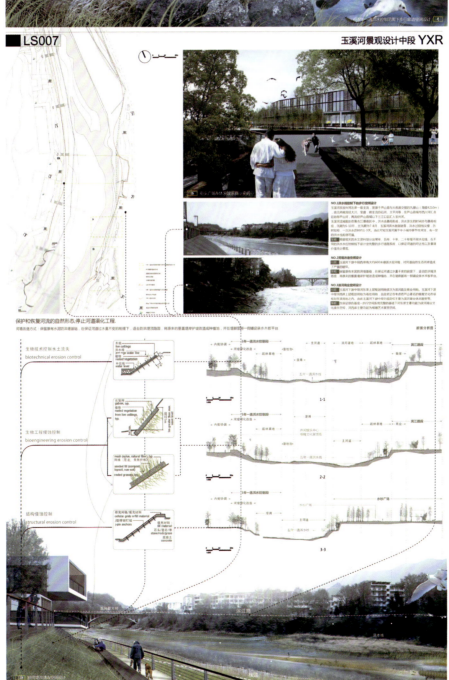

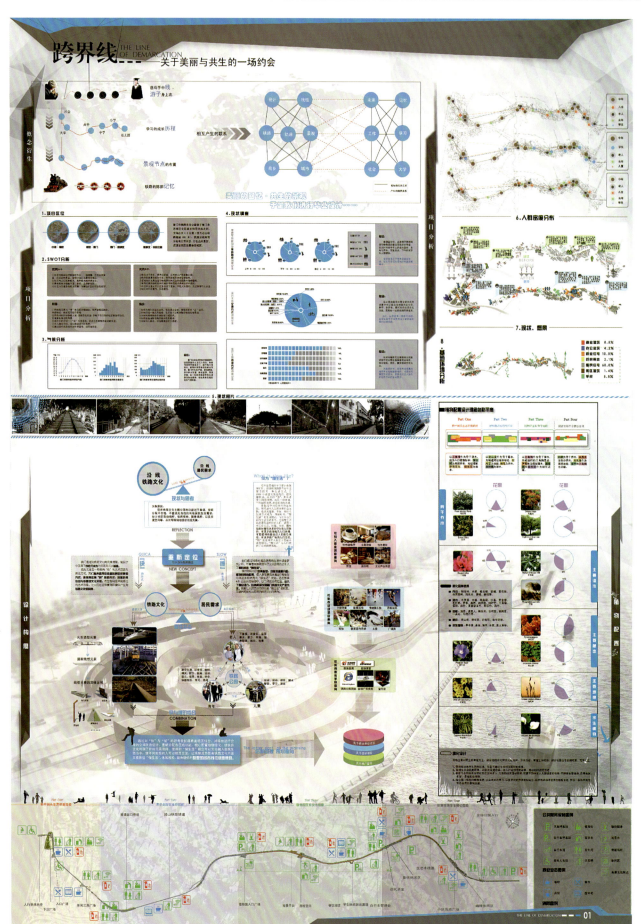

景观设计 | 中国环境设计学年奖 | 最佳创意奖——银奖

学校：清华大学美术学院环境艺术设计系　　指导老师：郑曙旸　　学生：苗雨晴

"学院派"艺术区
——构建清华大学东南部学院派艺术区

清华大学美术学院前身为中央工艺美术学院，于1999年11月正式并入清华大学，更名为清华大学美术学院。工艺美术学院并入清华，是为了实现两校在学科上的互补性，培养艺术与科学紧密结合的优秀人才。
然而十几年过去了，反观美院在清华的发展状况，当初"优势互补，共创一流"的期望似乎并没有完全实现。作为一名关注美院发展的同学，我希望能够从同学的角度出发，基于美院的发展现状，探索一种美院在清华的发展思路。

学院派艺术区是依托高等院校存在，区别于一般艺术区的商业性和复杂性，同时保留了思想活跃、形态丰富等特点，拥有自己艺术格调的艺术区。

美院并入清华，是一个由专业美院校向综合性大学中的美院院系的转变，综合性大学为美院的发展提供了更为多元化的生态环境，同时也存在着更多的挑战。美院的发展模式也应该随着生态环境的改变做出相应的调整。

学校：清华大学美术学院环境艺术设计系　　指导老师：郑曙旸　　学生：苗雨晴

🌱 学院派艺术区

 + =

艺术的发展，离不它的开生态环境。在美术馆、艺术区、艺术品交易市场这三种当代艺术生态环境中，艺术区无疑是最具活力的载体。北京798、宋庄等艺术区最初都与美术类院校有着密切的联系。如果说艺术区是城市的"线粒体"，那么，美术院系就是校园的"线粒体"。

艺术区为艺术生存提供肥沃土壤，校园为艺术发展提供新鲜血液。艺术区与校园的结合，势必会推动两者的共同发展，形成互利共生的艺术生态环境。

在校园中构建艺术区，等于改善了艺术的生态环境，首先对美院起到积极作用。其次，艺术区为美院及其他院系的师生提供了一个良好的交流平台，能够更有效地推动艺术影响力的拓展，从而增强整个校园的艺术氛围。

🌱 设计概念：共生

美院与清华应该是互利共生的关系。学院派艺术区的构建一方面是在寻求艺术与校园的共生，另一方面是在寻求建筑与物理环境及生态环境的共生。

对外：
空间与美院的共生→加强
空间与校园的共生→互利
空间与城市的共生→开创
空间与生态的共生→绿色

对内：
空间与空间的共生→连续性
空间与系统的共生→协调性

🌱 清华大学校园功能分区及交通分析

校园功能分区　　机动车路线及校门分布　　学生骑行路线及自习室图书馆宿舍分布　　游客路线及景点分布　　校园交通分析总图

🌱 建筑空间语言及构成

模糊各功能空间界限，开放内部空间　　打破"围墙"，低姿态扩散

🌱 "非地下"的地下空间

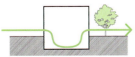 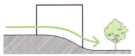 

普通带有地下空间的建筑　　山地地形上的建筑　　"非地下"的地下空间的建筑

学校：清华大学美术学院环境艺术设计系　　指导老师：郑曙旸　　学生：苗雨晴

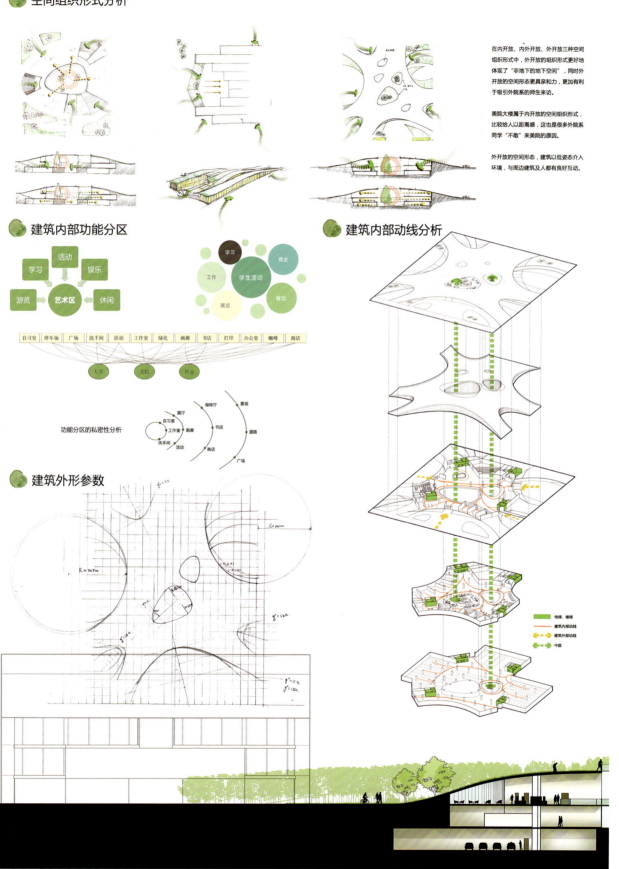

🌳 空间组织形式分析

在内开放、内外开放、外开放三种空间组织形式中，外开放的组织形式更好地体现了"非地下的地下空间"，同时外开放的空间形态更具亲和力，更加有利于吸引外院系的师生来访。

美院大楼属于内开放的组织形式，比较给人以距离感，这也是很多外院系同学"不敢"来美院的原因。

外开放的空间形态，建筑以低姿态介入环境，与周边建筑及人都有良好互动。

🌳 建筑内部功能分区

🌳 建筑内部动线分析

🌳 建筑外形参数

学校：清华大学美术学院环境艺术设计系　　指导老师：郑曙旸　　学生：苗雨晴

中国环境设计学年奖　最佳创意奖——银奖

景观设计

学校：昆明理工大学艺术与传媒学院　　指导老师：张建国　　学生：朱柏霖　朱敏　黄兴彬　王雪丽　张征

影山·隐水

现场照片
远处的山峦可用以借景

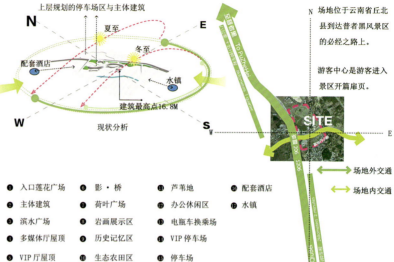

旅游的目的地就是为了感受异域风情，寻求真实的感受，本项目是游客中心景观设计，这是充满自然迹象的一个公共空间，我们重新定义了游客中心，本项目主张利用优越的地理位置将普者黑山水田园的风光景致呈现出来。作为一个微缩的山水空间，把这里的山水田韵融入景观之中。设计主要体现游客中心的功能以外，在景观设计上利用现代的材料与场地现有资源结合，形成保留资源、重塑和再利用的生态设计概念，自然景观之间建立景点聚集点作为景区的"入口"，在城市与自然间建立起虚拟边界，使景区景点与游客中心景观有一种和谐关系。

普者黑的山形水韵

旅游的目的地就是为了感受异域风情，寻求真实的感受，本项目是游客中心景观设计，这是充满自然迹象的一个公共空间，设计是我们完成一个项目的方法特征，我们重新定义了游客中心，本项目主张利用优越的地理位置将普者黑山水田园的风光景致呈现出来。作为一个微缩的山水空间，把这里的山水田韵融入景观之中。设计主要体现游客中心的功能以外，在景观设计上利用现代的材料与场地现有资源结合，形成保留资源、重塑和再利用的生态设计概念，自然景观之间建立景点聚集点作为景区的"入口"，在城市与自然间建立起虚拟边界，使景区景点与游客中心景观有一种和谐关系。

影山·隐水
普者黑游客服务中心景观设计

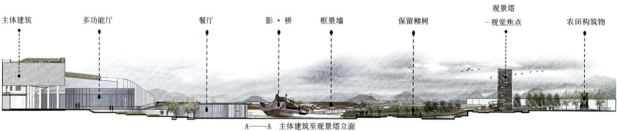

A——A 主体建筑至观景塔立面

学校：昆明理工大学艺术与传媒学院　　指导老师：张建国　　学生：朱柏霖　朱敏　黄兴彬　王雪丽　张征

问题与策略

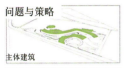
主体建筑

停车场

道路

原有河流

餐厅

建筑融入山形

电瓶车换乘场与停车场的循环关系

内部地形结合外部地形

贯穿水镇之水

餐厅的视野

组织交通

便捷的交通关系组织

开放的场所

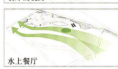
水的循环

水上餐厅

游客服务中心主体建筑有一半融入地形里。并且屋顶都是可以起到组织交通的作用，所以在道路的考虑上都会与屋顶发生联系。

游客服务中心主体建筑有一半融入地形里。并且屋顶都是可以起到组织交通的作用，所以在道路的考虑上都会与屋顶发生联系。

整个场地周边的道路，东北面地形最高，西南面是较为平整的地面。由于原场地有河流阻断了场地的畅通性，所以在空间的设计上会考虑让空间更加开放。

游客服务中心南面在上层规划了旅游水镇，本设计希望游客服务中心同时能够贯穿水镇之水，增强2个场地的联系性，并且结合地形与雨水收集一同设计作为一个水的循环。

游客服务中心餐厅是一个圆形的建筑，拥有360°的观景视线，在引入湿地之水后，餐厅可作为一个水上餐厅。全玻璃幕墙的餐厅通透性强，能与场地的自然融合到一起。

屋顶视野

屋顶视野

屋顶视野

屋顶视野

滨水广场

餐厅视野

餐厅屋顶与地面联系

影·桥

弧形主体建筑与背后山景的关系

通过景观构筑物增加立面层次
观景塔形成立面视觉焦点

B——B 办公休闲广场——VIP 室剖面图

C——C 荷叶广场——历史记忆区剖面图
主要体现建筑与影·桥和观景塔之间的关系

鸟瞰图

学校：四川美术学院环境艺术系　　指导老师：张倩　许亮　　学生：马光　郑剑

唤醒——重庆牛角沱城市立体化空间设计

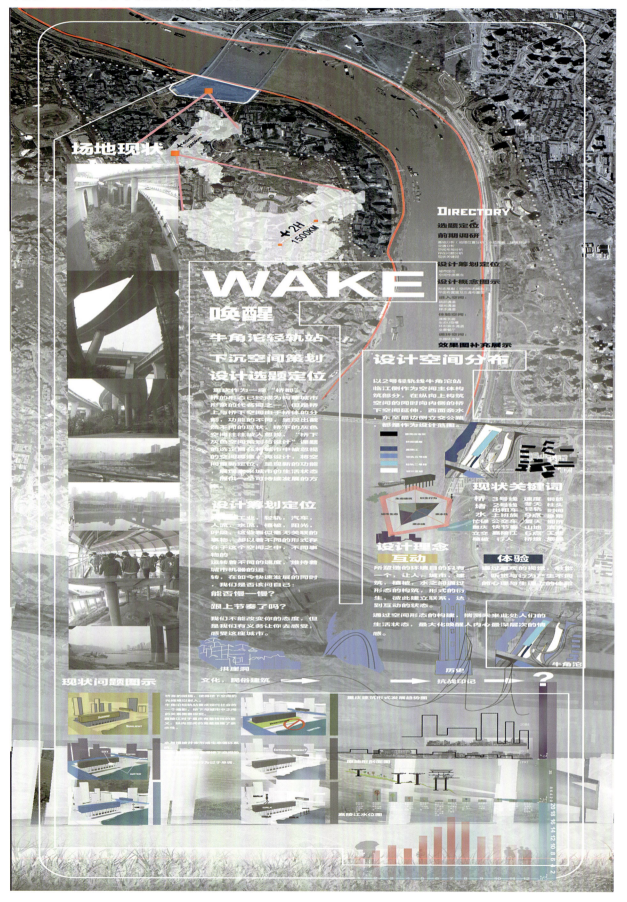

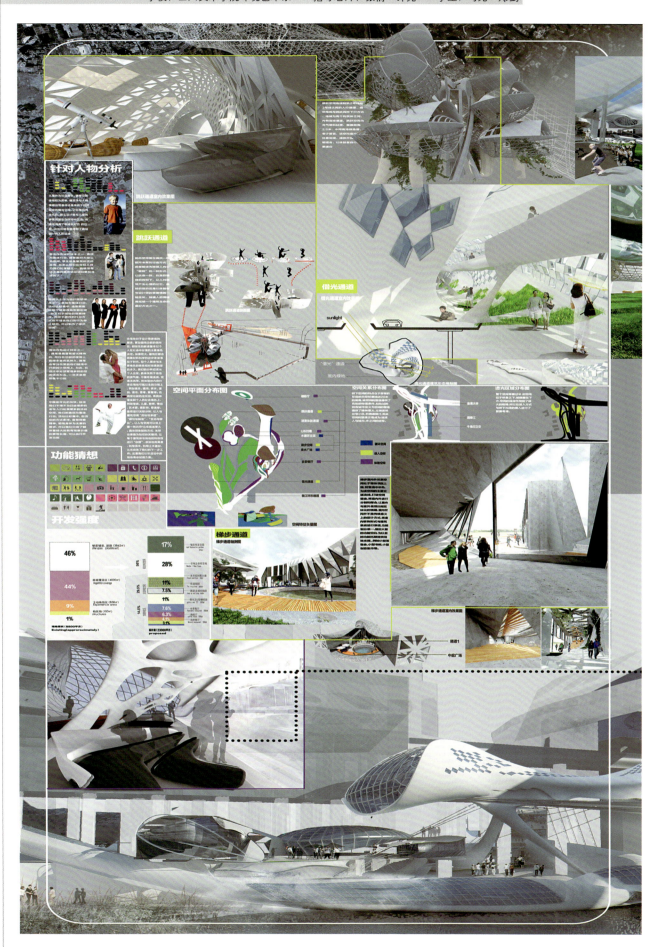

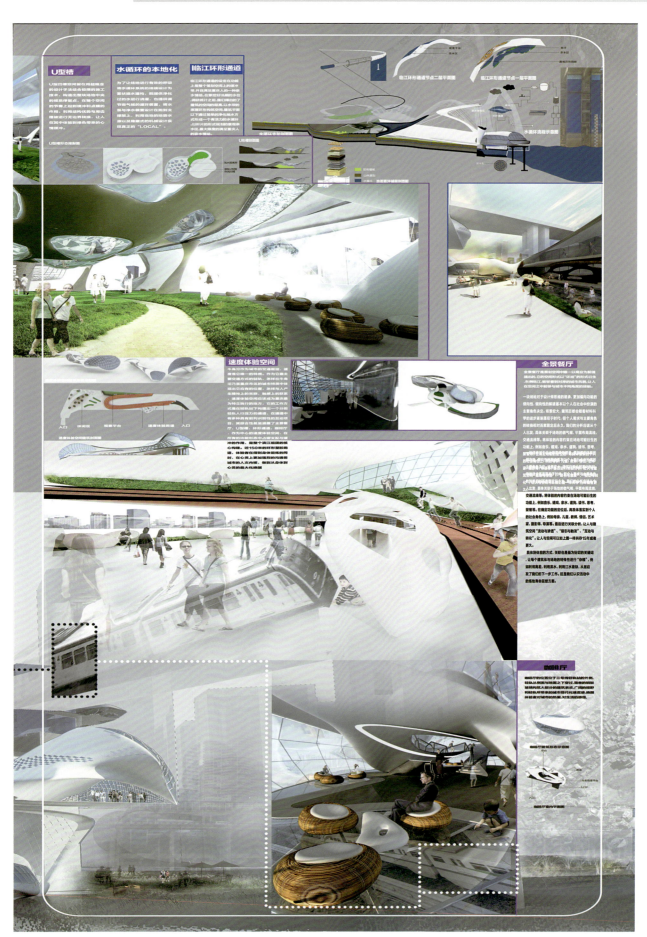

学校：福建农林大学艺术学院艺术设计系　　　指导老师：郑洪乐　　　学生：陈宽明

乡土红—古村落路径景观因子激活设计

中国存在许多古村落，现今都已死气沉沉，没有任何生机。又由于现代城市的飞速发展，古老城镇已不能适应时代变迁的步伐，再加上开发商不断地破坏，以及破旧无人居住的老房屋已不能提供人们的日常生活，更为重要的是历史遗物遭到严重的破坏和历史记忆不断远去。针对如何保护古村落，以福建省武夷山古老城镇南门街为例，提出对老街区的"保护-更新-再生"的基本规划模式。

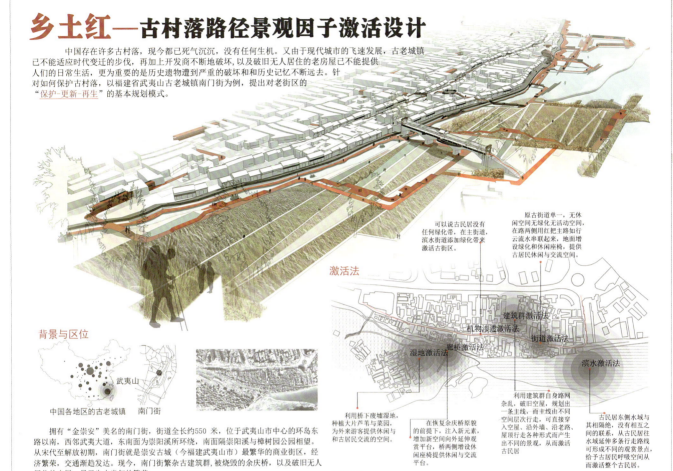

可以说古民居没有任何绿化带，在主街道、滨水街道添加绿化带来激活古街区。

原古街道单一，无休闲空间无绿化无活动空间，在路两侧用红把主街如行云流水串联起来，地面增设绿化和休闲座椅，提供古居民休闲与交流空间。

激活法

利用桥下废墟湿地，种植大片芦苇与菜园，为外来游客提供休闲和古居民交流的空间。

在恢复余庆桥原貌的前提下，注入新元素，增加新空间向外延伸观赏平台，桥两侧增设休闲座椅提供休闲与交流平台。

利用建筑群自身路网杂乱、破旧空屋，规划出一条主线，而主线由不同空间层次行走，可直接穿入空屋、沿外墙、沿老路、屋顶行走各种形式而产生出不同的景观，从而激活古民居。

古民居东侧水域与其相隔绝，没有相互之间的联系，从古民居往水域延伸多条行走路线可形成不同的观赏景点，给予古居民呼吸空间从而激活整个古民居。

背景与区位

中国各地区的古老城镇　　南门街

拥有"金崇安"美名的南门街，街道全长约550米，位于武夷山市中心的环岛东路以南，西邻武夷大道，东南面为崇阳溪所环绕，南面隔崇阳溪与樟树园公园相望。从宋代至解放初期，南门街就是崇安古城（今福建武夷山市）最繁华的商业街区，经济繁荣，交通渐趋发达。现今，南门街繁杂古建筑群，被烧毁的余庆桥，以及破旧无人居住的古屋，早已失去当年的繁荣。

现状

杂乱的街道　　街道乱摆地摊　　破旧家具随处可见　　破旧无人居住的古屋　　正在燃烧的余庆桥

平面图

1 古街入口　2 主街道　3 穿屋行走路线　4 历史纪念场所　5 滨水路　6 休闲长廊
7 亲水平台　8 芦苇公园　9 余庆桥　10 桥墩交流区　11 观景台

概念形成

血脉是人体内血液运行的脉络

路网　　　　　　　元素交织

红色是生命、活力、激情、热情的象征

利用血脉这一设计理念，把红色作为设计元素来贯穿整个南门街，打通古街的"血脉"。从而激活古村落，拯救"生命垂危"的南门街。

从古村落入口开始，这条红色的"血脉"把建筑群、街道、滨水、湿地、还有余庆桥串联成一个整体，打通了古村落的"血脉"，因此也激活了古村落。

学校：福建农林大学艺术学院艺术设计系　　指导老师：郑洪乐　　学生：陈宽明

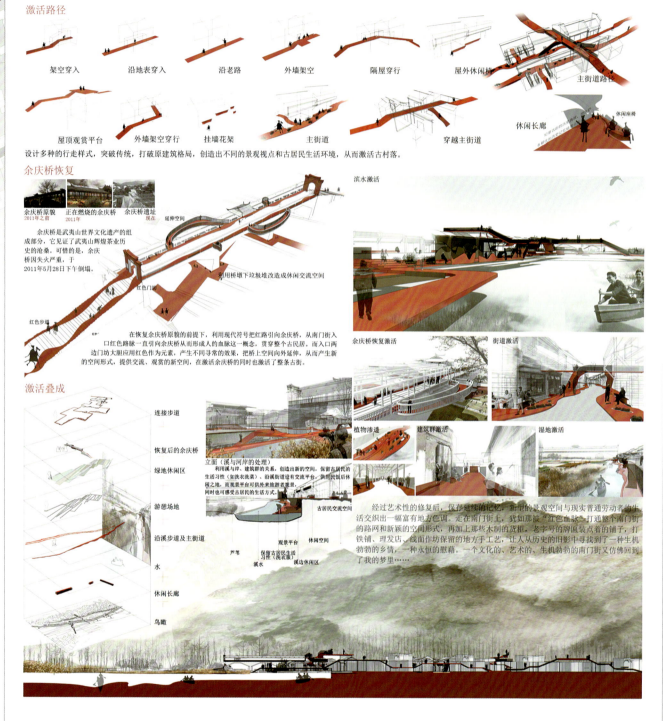

点评：乡土红利用现代时尚的点线景观空间元素穿越古村落的生活、农业、商业、游憩空间，以红色唤醒沉睡与衰退的历史空间，激活古村落历史肌理。

南京明故宫遗址公园艺术互动概念设计

景观设计

中国环境设计学年奖
最佳创意奖—铜奖

学校：华南理工大学设计学院　　指导老师：梁明捷　郑莉　李莉　薛颖　朱琦聪　　学生：夏凡　黄柳青　夏先雄

交通枢纽下的社区景观生态环
A COMMUNITY LANDSCAPE ECOLOGY RING UNDER THE TRANSPORTATION HUB

学校：北京服装学院艺术设计系　　指导老师：董治年　　学生：王一鼎

中国环境设计学年奖 — 景观设计 — 最佳创意奖——铜奖

1. REGIONAL CONTEXT 地区脉络

设计说明：

城市是动态的，其中经济、社会、环境、空间形态都处在一个不断变化的过程中。城市更新是上述发展的直接表现，可以说道路景观的更新涉及城市更新的各个方面，是城市更新中的重要组成部分，而道路景观的空间活力会给道路的视觉形象、交通、生态功能带来更多的生机和活力。而结合到我国本地的街道问题时，又存在着地域性或历史性或某种精神的复归性等多种因素。

本项研究工作的出发点是开发城市交通枢纽下的空间活力，以当地人群的社区问题为切入点，逐渐将矛盾分类，梳理并重组人际间的关系，提出园艺疗法和绿色生态环相结合的概念，并采集人流动向和车流动向衍生出较流线的平面布局，增加建筑单体和多种道路的穿插，实现空间的再生，试图找到比"经验式设计"更人性更合乎逻辑的设计方法，创造更有活力的场地营造。让景观都市理念成为一种能够推动改善城市环境和空间的驱动器。

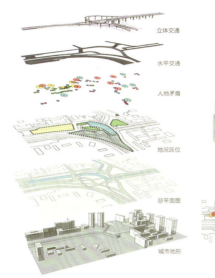

立体交通　水平交通　人地矛盾　地况区位　总平面图　城市地形

2. ANALYSIS 分析

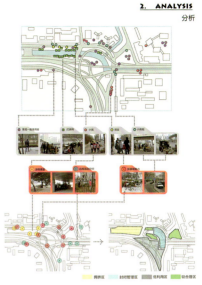

问题：人为灾难——城市化——立交桥——人的消失　性质：修复性景观　主题：激活　方法：创造一种机制和可循环措施

老年人主要活动区 — 以老干部活动中心为射点向东南方散射的活动区域，主要群体是中老年，活动方式比较单调，当地居民遛狗，空气不好还制造拘束，户外聚众麻将，桌椅与自行车沿街停放

绿色环带及水岸 — 连接多条主干道，城市交通枢纽所必须的绿化空间

使馆区 — 与周边环境相斥，行人避而远之

车流 — 该地的主要功能就是消化大量来自东直门的车流，庞大的交通量让规划者们忽视了该地域的人居潜力

工作群体 — 该景观周围的使用者有修车工、有白领，工作环境差异大，各群体的生活节奏有所不同

学生潜在活动区 — 附近有三所学校，虽然该群体有较规律的活动时间的特征，但本地景观功能平庸，引发人地景远，造成空间浪费。

缓冲区 — 处于商务区和居住区的交界地带，交通拥挤，缓冲区较少，小商贩被挤到路中间叫卖

老干部活动中心 Seniors Center　住宅小区 residence community　当代MOMA　幼儿园 kindergarten　俄罗斯大使馆 Russian embassy　城市综合管理处 The management office of the urban　小学 primary school　中学 senior middle school　SITE

3. CLASSIFICATION OF CONTRADICTIONS 矛盾分类
4. RELATIONSHIP RESTRUCTURING 人物关系重组

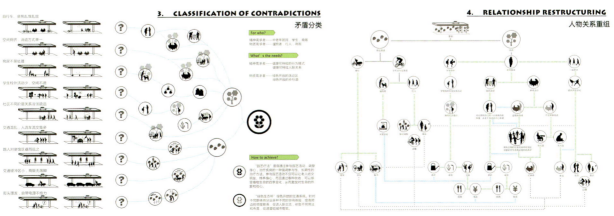

For who? / What's the needs? / How to achieve?

该公园是一个集合体，其中的人群需要重组一种新的机制去实现自我循环的生活模式。设计的重点目标不仅在于建立公共空间的物理框架，还在于提供充足的空间去承载种种矛盾因素并去激发新的事件，创造新的"关系"，为社会、环境和经济带来变化。

109

学校：吉林建筑大学艺术设计学院　　指导老师：郑馨　　学生：冯上尚

MICROCOSMIC
LANDSCAPE DESIGN OF THE NANXI WETLAND PARK
南溪湿地局部景观设计

在湿地系统中，湿地的微生物是其生态系统中的重要组成部分。丰富的微生物资源为湿地污水处理系统提供了足够的分解者。作为湿地生态系统中如此重要的一员，却是不为人们肉眼所见的。本设计的意图在于，将最微小的元素放大到一个足够大的比例，将微生物的形态美，通过最直观的形式展现在人们眼前。提醒人们湿地微生物群落的重要性。创造一个充满想象力与实际意义的空间，使人们在欣赏景色的同时体会到更加深刻的含义。

南溪湿地位于中国吉林省长春市南部新城核心区域。湿地公园建成后将与南部新城中心以及人民大街南延伸段和净月西部区域共同被打造成为集生态、知识、生活商务于一体的创智生态城，为长春人民创造生动轻松的崭新城市环境。地段位置得天独厚，是城市中心湿地的典型。

主入口处的顶棚，是一个半开放式空间，作为主入口的标志物，醒目而具有代表性。以扁形作为原型，东半叶为拱起状，西半叶为首旨状。底部装置有休息座椅，将入口空间的界限变得模糊。

入口剖断面

鸟巢位于湿地的东部，没有道路可以通向这里，只有隔着辽阔水面才可以看见，所谓只可远观而不可近玩。这样的设计是为给湿地生活的鸟类创造一个完全安全的生存空间，最大限度的减少人类活动对湿地鸟群的干扰。同时又使景观元素更加丰富。

鸟巢剖断面

东北和西南区平台，分为架起的4M宽步道，和底部的木质休憩平台，步道可以提升人的视野，木质休憩平台置有荷叶型遮阳棚和以细胞为原型的合金座椅，触手形状的突出作为亲水平台，和深入密林的私密空间。这也是一个重要的人群集散区域。最近居出入口，靠近住宅区，平均人流密度较大。开阔的平台也为各种活动提供了场地和便利。底部平台考虑了无障碍设计，和整个场地的流线畅通无阻，照顾了行动不便人士的活动。

高地平台剖断面

主题雕塑剖断面

大桥剖断面

休息座椅与遮阳伞形态

西立面图

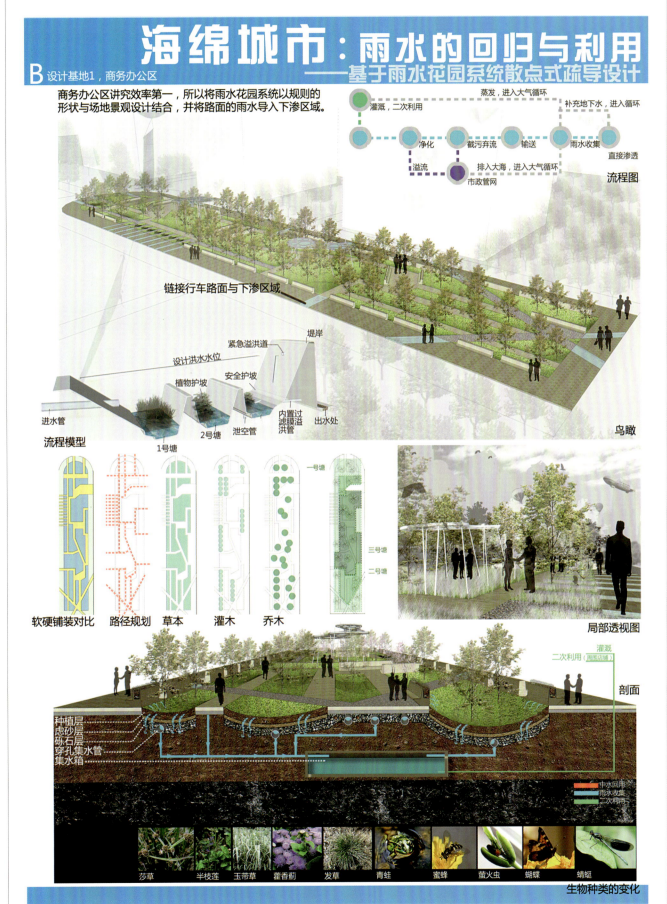

学校：华南理工大学建筑学院　　指导老师：孙卫国　　学生：谭景行　尹旻　陈梦君　何小雯　黎英健

东莞芙蓉故里规划及景观设计

一、设计简介

"芙蓉故里"项目位于东莞西部的望牛墩镇芙蓉村内，占地有500多亩。根据政府和地产开发的要求，将打造成一个新型的岭南水乡文化旅游开发的配套项目，是未来东莞望牛墩镇标志性的文化旅游景点，并计划在建成之后作为电影投资方的电影拍摄的主要取景地。

本设计分为商业水街、"粤榕庄"酒店、"清水草堂"茶楼、天后庙、世家收藏馆、岭南风格居住区、绿化隔离带，共七个部分，满足景区游客的娱乐、购物、餐饮、短期住宿和居住等要求。设计参考传统岭南水乡的聚落形态特点，规划出水上和陆地的两套交通系统。并借鉴岭南造园艺术开放性、兼容性、多元性的特点，设计各个景区特色的标志建筑与景观节点。此外，我们总结和选取多部岭南电影作品中的经典场景，运用到场地设计上，既能给游客带来熟悉的视觉体验，又能为日后的电影拍摄提供取景地。

关键词："岭南水乡" "创新型旅游文化" "电影拍摄" "新型地产模式" "带动片区发展"

二、设计理念

1. 规划概念：回归质朴的岭南水乡生活场景
2. 设计手法
1) 岭南水乡肌理参考——以鹤山古老水乡为蓝本进行设计
　　分析水乡陆地与水系肌理，在原有场地上打造新的水系开放空间。
2) 造园参考传统岭南园林造园意匠
　　学习和借鉴岭南四大名园和多个传统岭南园林建筑设计，塑造古色古香的旅游景点。
3) 特色交通系统
　　水上交通为一大特色，分为居住区居民与游客流线。居民水上流线会贯穿住宅前后，居民可选择乘船回家的，而游客亦可在多个码头换成游船下水观光。创造特色的回家路线和宜人的城市休闲公共空间。
4) 电影场景再现
　　电影场景作为一条重要线索，流线规划依据"起承转合"的剧情发展进行景点主题的设置，认真把控每一个细节，务求展现原汁原味的岭南场景。

学校：华南理工大学建筑学院　　指导老师：孙卫国　　学生：谭景行　尹旻　陈梦君　何小雯　黎英健

总平面图 1:4000

学校：华南理工大学建筑学院　　指导老师：孙卫国　　学生：谭景行　尹旻　陈梦君　何小雯　黎英健

芙蓉故里规划及景观设计——分区设计

- 世家收藏馆
- 粤榕庄
- 商业水街
- 清水草堂
- 水上集市

商业水街设计说明

商业水街作为电影主题文化地产的第一个节点，整个区域融入了浓厚的电影艺术，按一种通用的剧情线索开展设计。沿流线行进，合适地布置不同情境的节点，使整个景区充满银幕般效果。

在用地内设置三种尺度的街道空间，相对独立又彼此联系。在流线上合理进行节点布置，并依照电影主题对节点的景象、光影、氛围、人物进行控制和引导，务求令节点达到更高一层的艺术效果，使之有成为经典镜头场景的可能。街道充分引入并利用水系，用心打造岭南水乡的场景，为周边囊括十镇的水乡片区作示范性项目。

商业水街除满足常规的商业功能，更提供多元化的模式以充分展现岭南水乡及望牛墩的特色。入口正对的碉楼展示馆，除本身就是一个展示品外，内部更兼做展览与休闲茶楼；"上居下市"的商住混合建筑单体，尤其适合传统手工艺人在其中居住创作并展示出售工艺品；拥有精致庭院的体验作坊展示着望牛墩特色的七夕贡案，并让旅客体验其制作，亲身感受望牛墩源远流长的七夕文化；中医推拿馆能为游客洗去一身的疲惫并令其感受中国传统艺术的魅力；特意设置的烟馆作为吸烟区；不同尺度、内容的街道空间，令整个游览过程精彩而不乏味。

商业水街总平面 1:2000

学校：华南理工大学建筑学院　　指导老师：孙卫国　　学生：谭景行　尹旻　陈梦君　何小雯　黎英健

芙蓉故里规划及景观设计——分区设计

粤榕庄设计说明

作为"东莞芙蓉故里文化地产"岭南水乡特色旅游文化地产项目配套的酒店，"粤榕庄"地处项目的中心地带，滨水而建。东面商业水街，南临"清水"草堂，西边与世家收藏馆隔河相望，项目全景尽收眼底。

"粤榕庄"酒店以传统岭南庭院为原型设计，总共分三期进行开发。提供接待、娱乐、商务会议、住宿的功能。内部设有多个清幽雅致的岭南庭院，又有木成荫的生态山林，也有环境幽深清空的园林社区。酒店特色客房参考传统三间两廊屋住宅设计，为住客提供返璞归真的传统民居住感受。

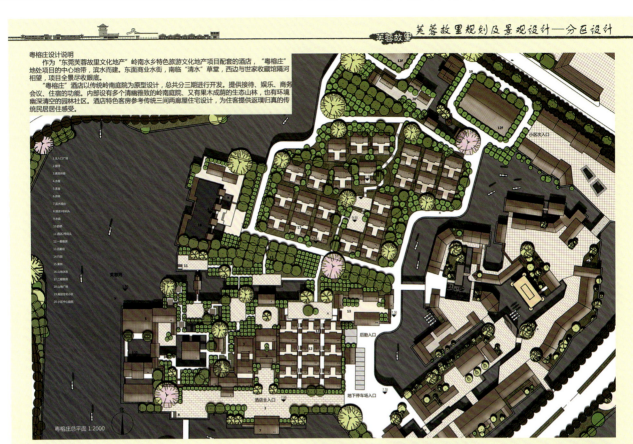

清水草堂设计说明

清水草堂属于东莞望牛墩芙蓉故里岭南水乡景区设计项目配套的酒家，需要满足景区的餐饮配套需求。

- 在区位方面，清水草堂酒家位于本项目的东南角，北面与粤榕庄酒店隔水相望，东北面沿路与岭南水乡商业街相接，南面与水上集市隔路相对。由此景区可形成完善的商业—餐饮—住宿为一体的景区设施配置，清水草堂餐饮配套设施与各功能区相接，能方便服务于芙蓉故里整体景区。

清水草堂全员布局由六个园庭综合而成，先是第一景——碧庭鸟语，中间为一平庭，鸟鸣悠园，略有水石点缀；之后隔板桥相对为第二景——板桥风清，桥前岸边的水石植和串线柳随风飘逸；庭南侧为一水石庭，是第三景——杉林鸭浮，鸭子在水中游动，略有荷花点缀；板桥北侧为一山庭，即第四景——山廊通泉，庭院清水缓缓通向果林处；板桥西侧为大面积水庭，是第五景——竹亭晚眺，建筑架于水上，或可垂钓，或可登楼晚眺，四周伴有落羽杉；而在全园北侧设有一岛，可在密林中登高远眺，为第六景云阁观帆；在岛的东侧为一平庭，设有第七和第八景——果林消夏和隔岸戏韵，庭中以果树为主，既可绿荫遮阳，亦有果子可摘，不时有戏曲响起，进入船厅后发现原是对岸的粤剧大戏正在上演；顺廊而走，进入一平庭，为第九景——石斋花影，嶙峋假山配以重重花影，精致唯美。

清水草堂的设计以电影的岭南酒家场景和拌溪酒家蓝本

首先，东莞芙蓉故里岭南水乡景区是通过提炼精选电影中的岭南水乡场景，以此为蓝本进行设计，使游客能身临其境，感受电影与岭南水乡的氛围，并且成为日后有关岭南水乡题材的电影拍摄地，提升整体片区的景观与商业价值。因此结合以电影为设计的主线，清水草堂通过提炼精选出电影《英雄喋血》、《叶问》和《浮城大亨》，总结为三个经典岭南酒家场景氛围并运用到本设计当中，以营造热闹闲适惬意的茶楼场景，茶楼中鸟笼高挂，点心飘香，众人围坐看戏闲聊，二是庭院厢房小聚，纵观园外美景，三是临水垂钓，品尝渔家美食。三是，清水草堂为了能够更加切题恰当地展现岭南酒家热闹和适惬意的场景氛围，所以选取了岭南著名的拌溪酒家为蓝本进行设计，充分体现岭南酒家吃喝玩乐之特色。因此，草堂酒家中的场景设计提炼电影场景中的亭台楼阁、渔家临水竹棚的建筑元素，结合岭南水乡农家生活场景元素——果林、花木鱼鸟，营造九个场景贯穿于整个游览路线当中，展现惬意生动的岭南农家氛围以吸引游客。这些场景主要为——碧庭鸟语、板桥风清、杉林鸭浮、竹亭晚眺、山廊通泉、云阁观帆、果林消夏、隔岸戏韵、石斋花影。

清水草堂总平面 1:2000

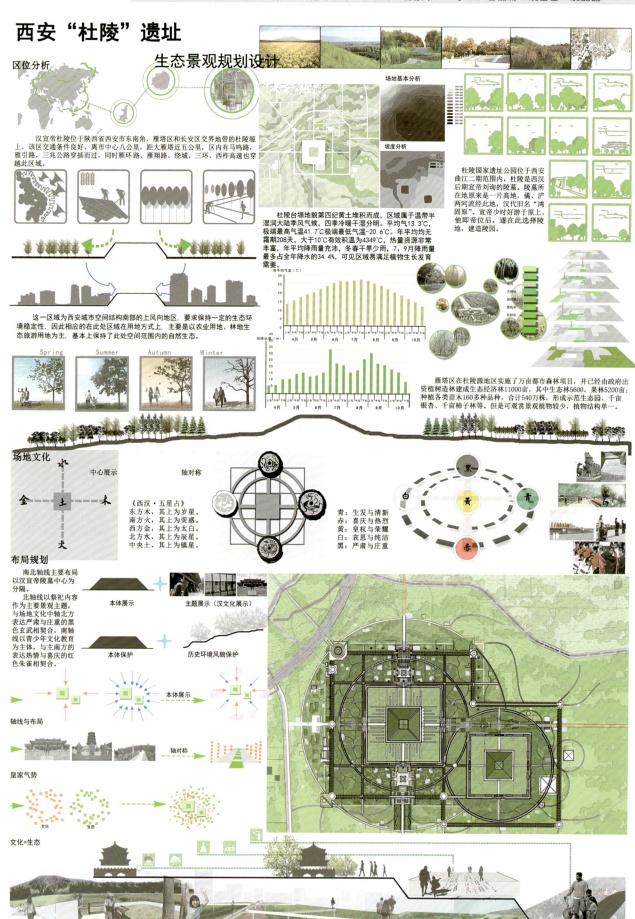

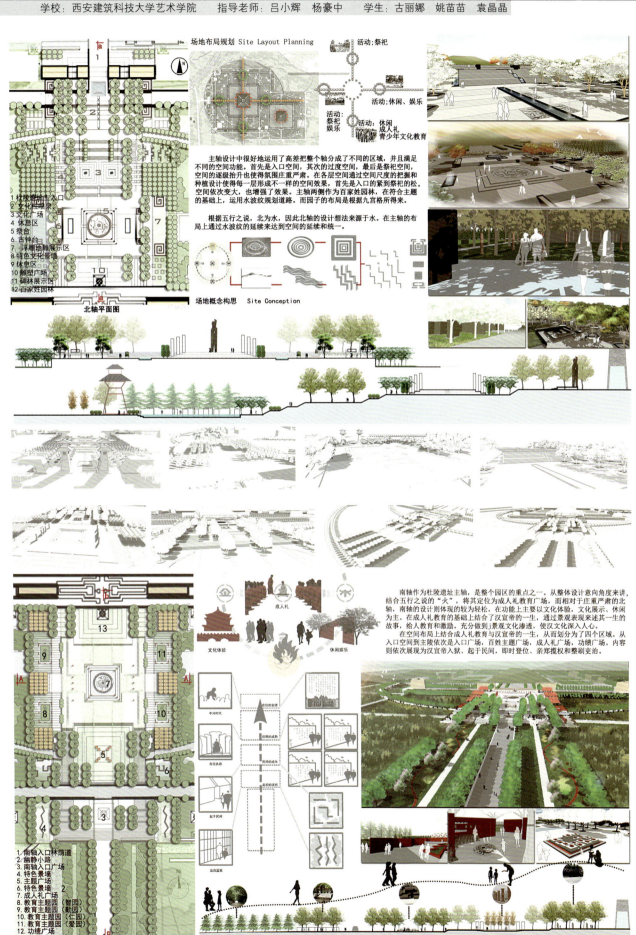

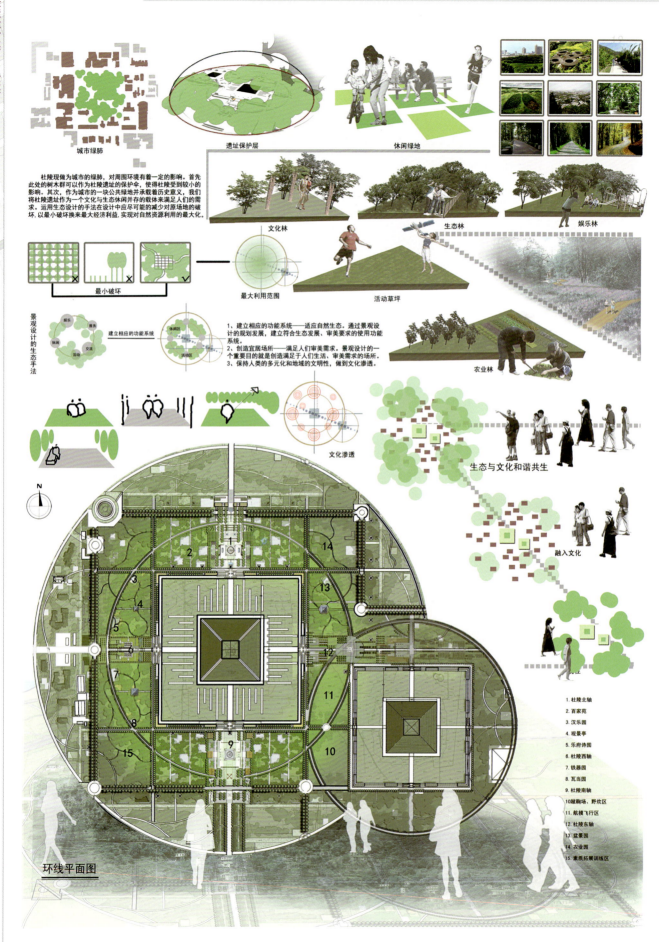

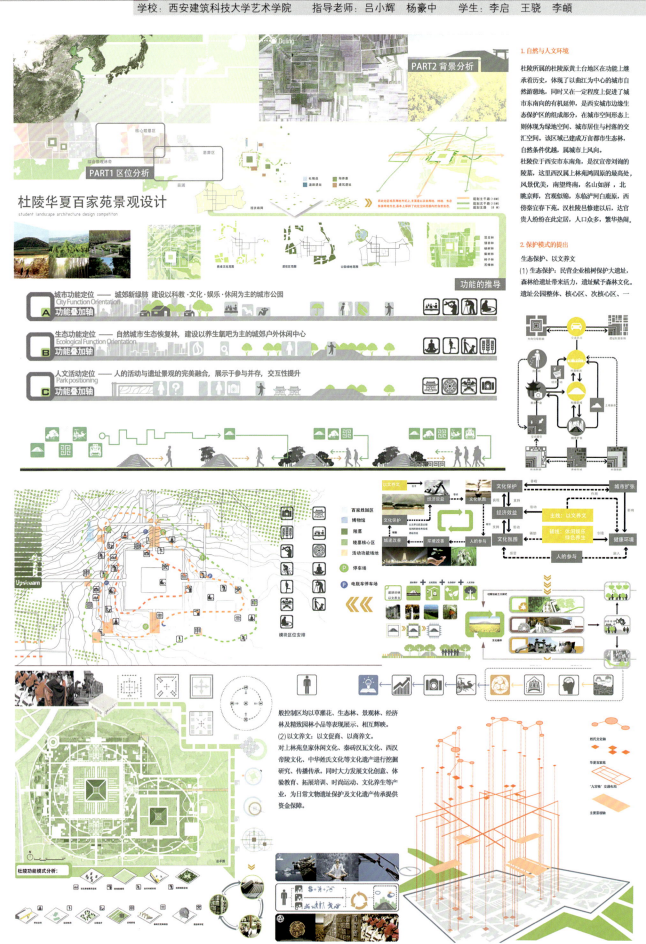

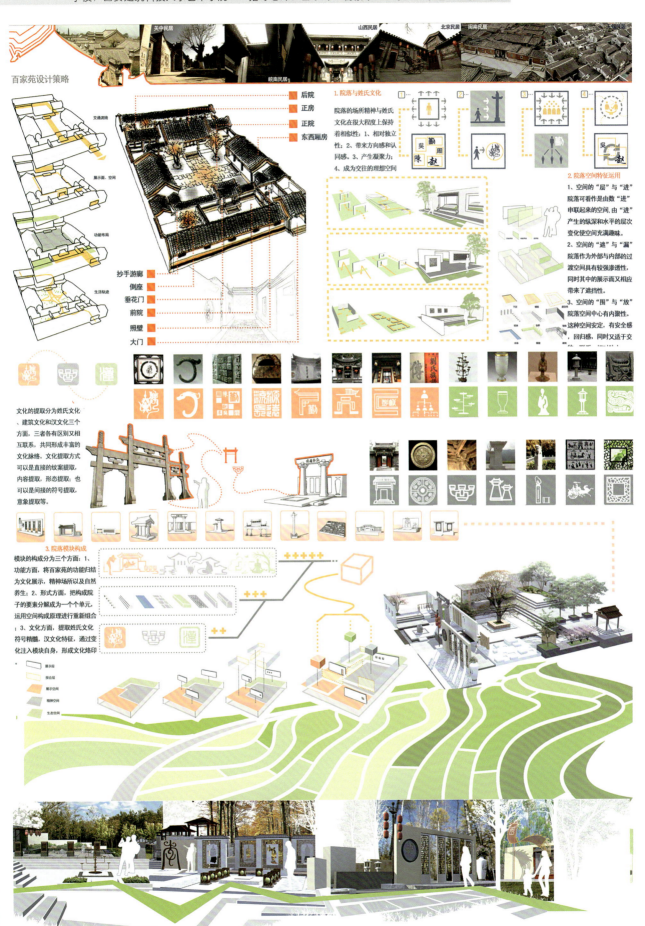

景观设计 — 中国环境设计学年奖 — 最佳设计奖·银奖

学校：北京林业大学　　指导老师：公伟　刘长宜　　学生：张骁　赵洪莉

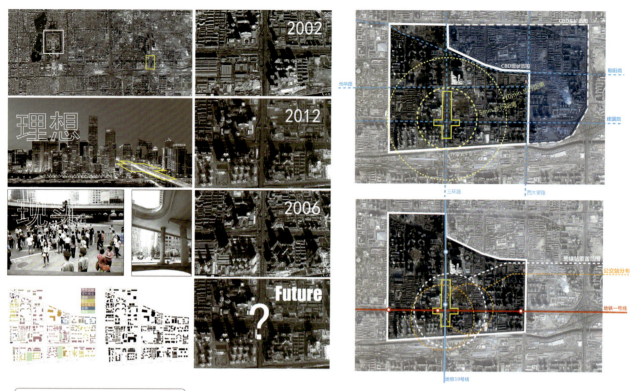

桥·园
国贸立交桥区域景观空间改造

北京商务中心区（Beijing Central Business District），简称北京**CBD**，地处北京市长安街、建国门、国贸和燕莎使馆区的汇聚区。在过去**十年间**，国贸区域发生了巨大变化。但**巨构**的城市之下缺乏**为人而作**的设计。

作为北京市新的城市中心建设，北京CBD区域的**快速发展**是北京城市发展进程的**空间缩影**，"**桥 园**"即为桥下公园，以应对国贸区域快速发展与建设带来的挑战与变化，提出**改造策略**，意在创造一种可持续运作的**空间系统**，容纳区域内的不同使用者，充分利用场的条件，公园主体隐于大量建设的快速道路系统之下，重新联系道路两侧断裂的城市空间。营造一个可以聚集、发声、激活周边区域的**公共空间**，通过人的活动将空间赋予城市性，成为**城市生活的容器**。

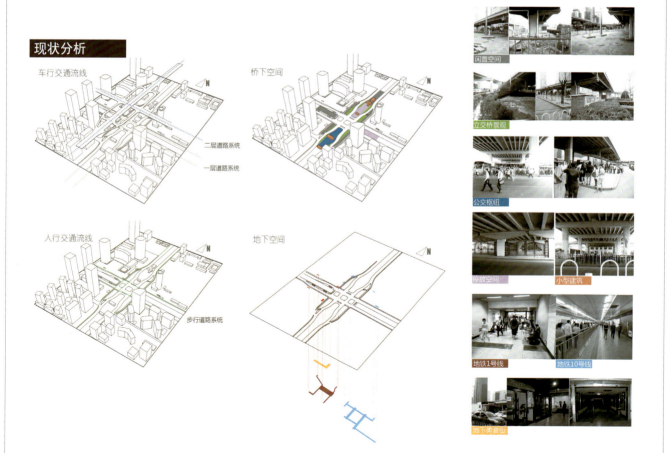

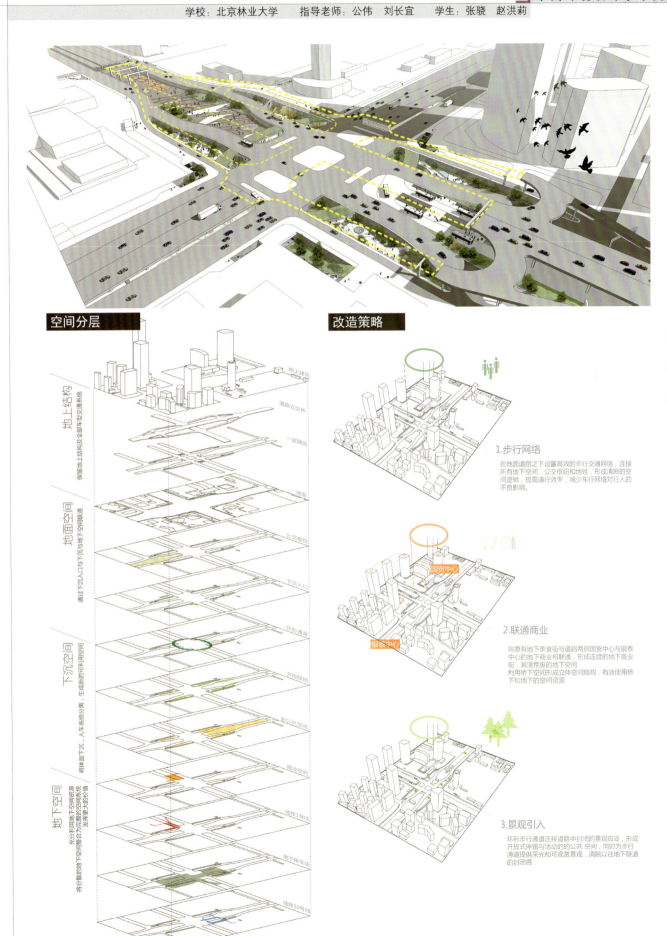

学校：北京林业大学　　指导老师：公伟　刘长宜　　学生：张骁　赵洪莉

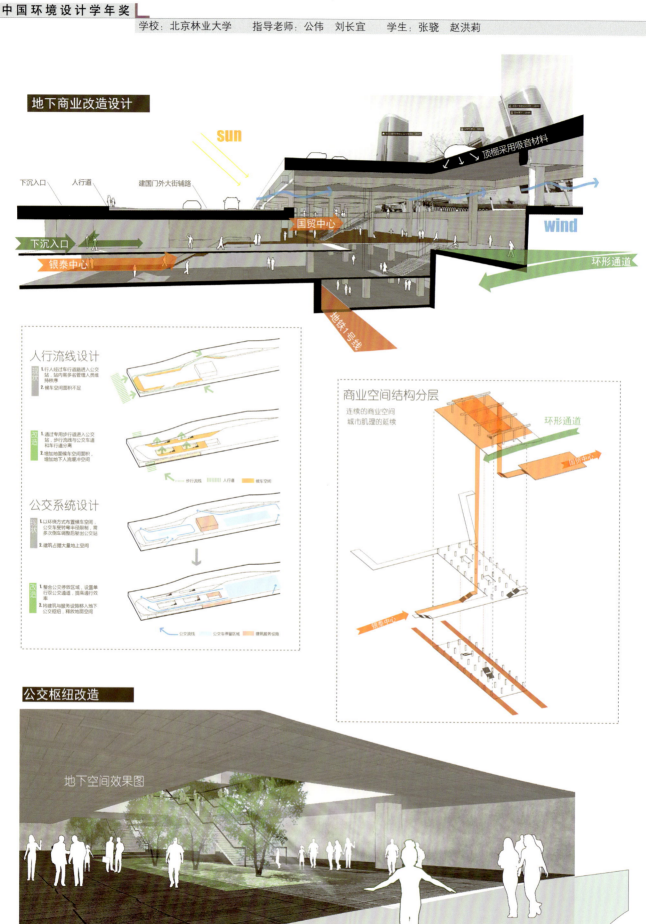

学校：北京林业大学　　指导老师：公伟　刘长宜　　学生：张晓　赵洪莉

环形步道设计

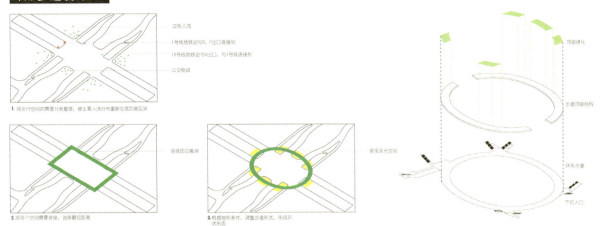

下沉入口效果图

景观系统设计

闲置空间利用　　景观设计策略　　空间设计策略　　垂直尺度设计

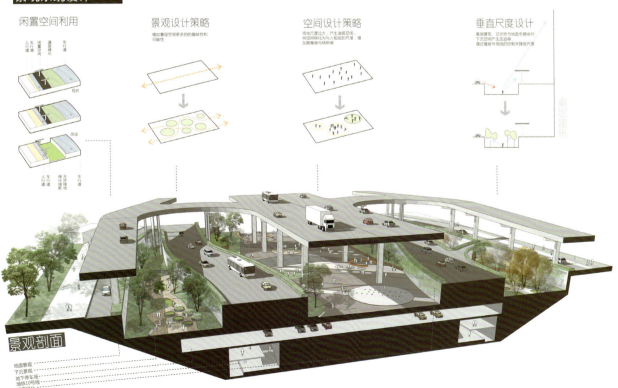

景观剖面

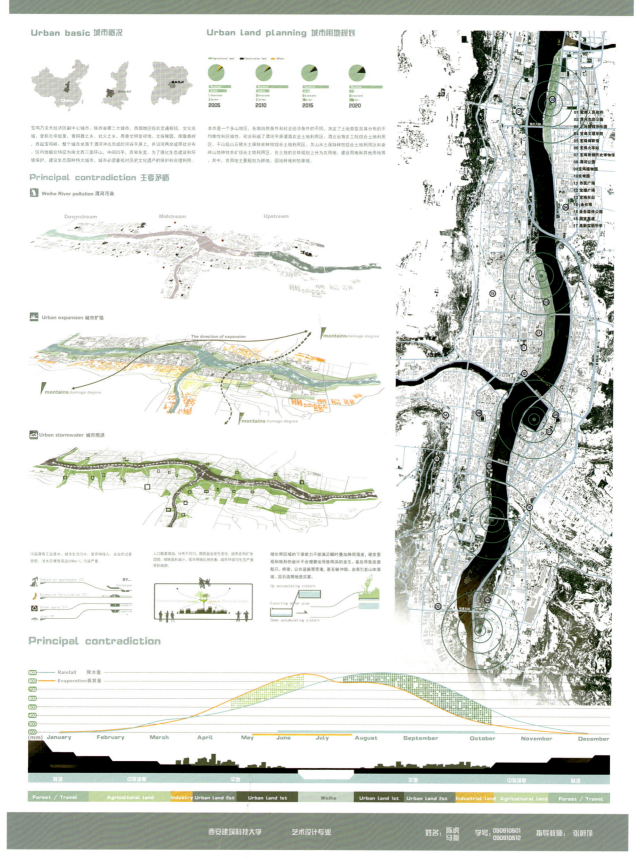

学校：福建工程学院建筑与城乡规划学院　　指导老师：季铁男　徐伟　　学生：肖翊

景观设计

中国环境设计学年奖

最佳设计奖——铜奖

1. 老年人社会住宅
2. 餐厅
3. 社区活动中心
4. 手工艺教学展览馆
5. 武圣庙
6. 武圣庙公园
7. 民宿
8. 祭祀花园

规划设计总平面图 1：500

龙岭顶于2010年遭遇大火烧去了大片房屋。灾后现场未得到重建，周边居民自发形成耕地种植蔬菜，成为社区居民重要的休闲活动之一

生活土地的延续
福州双杭龙岭顶社区环境诊疗计划

设计流程：

调查区域位于福州市台江区上下杭地区，设计采取微观都市方略规划设计方式流程框架："微区点调研"、"诊疗区域确定"、"总方案与分项目策划"、"医疗点设置"等阶段；工作目标是针对城市化地区的"公共领域"进行探讨，并提出调整与转化的初步对策。

现象	宅前活动的公共性	街道生活的公共性	微环境和景观的公共性	住宅生活中的公共性
症状	公共空间可达性的不连续	社区通路结构的不连续	基本居住条件的不连续	物质与精神生活的不连续

调查范围　　规划项目　　医疗点分布

129

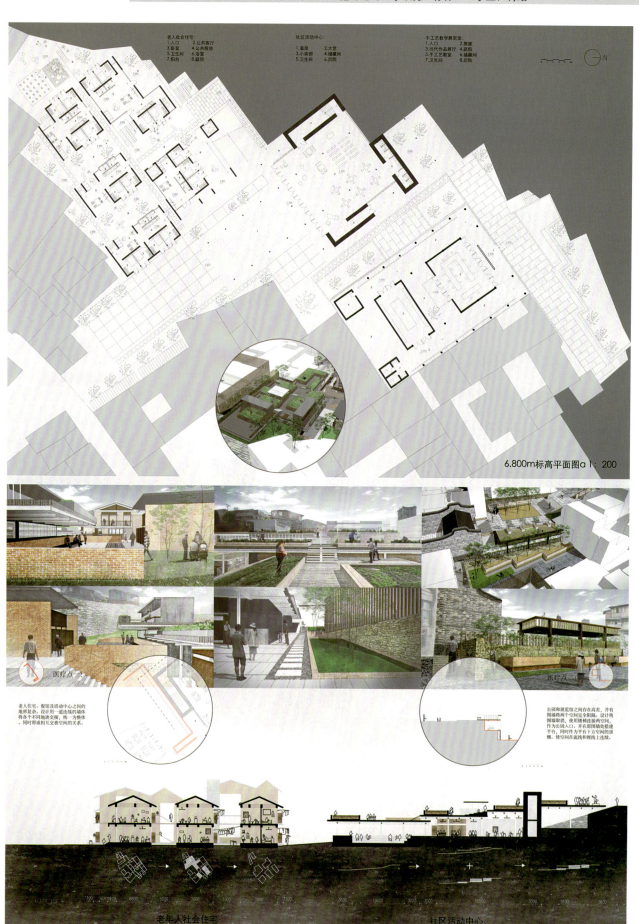

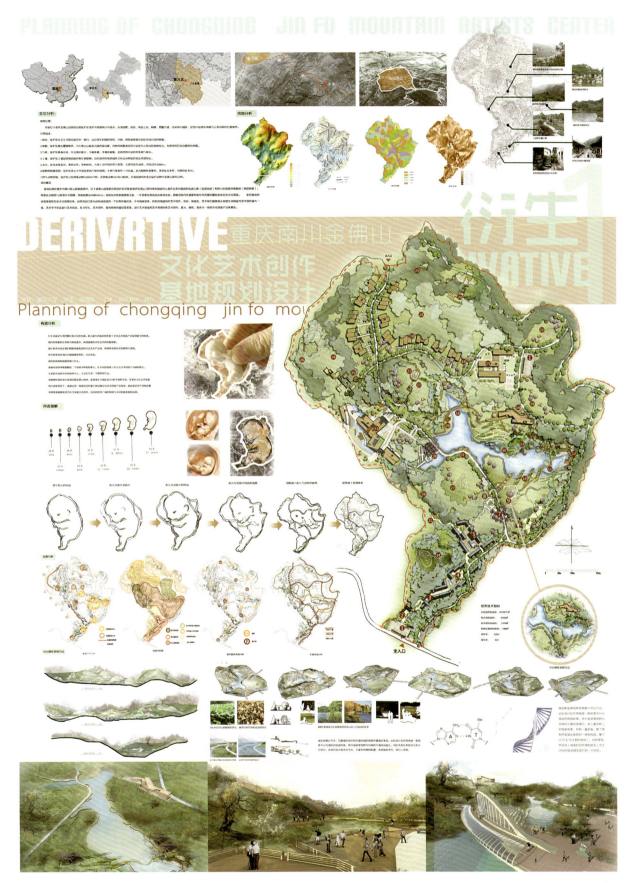

点评：衍生的原义是指演变而产生，这里指生命的繁衍和文化的交融。该作品用胎儿新生的意象形象地折射了文化艺术创意产业基地的诞生和演变。规划方案构思和主题紧密契合，景观与建筑设计在形态、空间、材质、肌理等方面的表达也体现了作者对自然的思考和理解。在金佛山创造衍生出的文化创意产业集聚区，相比重庆这个母体的繁华喧嚣，充满想象而又不失艺术感染力，景观与文化在此相互彰显。

学校：江南大学设计学院环境设计与建筑学系　　指导老师：史明　　学生：李辛渊

寻源——无锡雪浪山心灵修复主题公园设计

学校：青岛理工大学艺术学院　　指导老师：高磊　　学生：邵虹博

白虹贯日——滨海休闲湿地公园设计

白虹贯日——滨海休闲湿地公园设计

运河之舞——临清运河门庄段景观廊道修复与再生设计

学校：广西师范大学设计学院　　指导老师：杨丽文　　学生：史金海

设计说明
DESIGN DESCRIPTION

1. 前言

中国历史上的临清，有这样一个美誉——"小天津"，直到现在，临清人依然还是很眷恋古代明清时期的辉煌，也总是对过去的繁华历史津津乐道。历史已经成为了烟云，在岁月的侵蚀下，临清却丰运城保留下了残缺的辉煌记忆。巷子、胡同、古民居，每一样都带给我们一种历史的厚重感。临清的辉煌得益于穿城而过的运河，一条运河承载了几代人的记忆，然而随着时间的推移运河在我们当代人的心中已经悄然的去了，记忆不再鲜明。本次的毕业设计旨在通过对临清运河门庄段的景观廊道修复与再生设计寻找当地人对大运河的一种情愫，并恢复重建成充满生机的现代生态与文化的休憩地、教育基地以及城乡景观过渡带。运河廊道的再生，不单单是环境与生态的再生，更重要的是文化再生。

2. 基地分析

临清位于冀鲁豫三省接壤地带，西依晋冀能源基地，是西部煤碳外运的交通要道；东靠沿海开放之滨，是承接产业转移的黄金地带；北连京津冀市圈，是经济发展的前沿阵地；南望中原腹地，是周边地区重要的商品集散中心。京九铁路及7条省级干线公路贯穿全市，京福高速、青银高速、济聊馆高速毗邻临清，即将开工的德（州）商（丘）、邢（台）临（清）高（唐）高速和南水北调东线工程均从临清通过，交通十分便利。

临清市地处温带季风气候，具有明显的季节变化和季风气候特征，属半湿润大陆性气候。四季气候的基本特征为"春旱多风，夏热多雨，晚秋易早，冬季干寒"。全年盛行风向为南风和偏南风，年平均降水量为550毫米左右。

本案的具体位置在临清市南郊地区古运河的门庄段，该区域在内运河与外运河的交叉口西部，整个区域跨城市的四个街区，东部紧接龙山路，西部毗邻315省道，区域内的北岸有滨河大道横穿整个区域，交通非常的便利。这个区域主要是在城市与农村的过渡带上。

3. 设计理念

再生设计是指"生态学"趋向的设计，以生态设计、绿色设计、可持续性为出发点，但是与传统的生态设计相比，在这个层面出发放入"再生设计"不仅看重的是生态的理念，而是一种作为设计思路表达的媒介物，用以传达精神信息和文化内涵，从而达到文化上的再生。

文化再生是基于文化保护和传承基础之上的发展与再造，一切现行的经验和案例都具有重要的借鉴价值，但却没有任何现成的模板可供复制。对于全球化和城市化浪潮裹挟下的中国城市而言，在城市更新的最大限度地保留独特的文化元素、保存文化载体并提供文化发展的物理空间，是非常必要的，但仅此是不够的。文化再生所依仗的内在支持是城市文化意识和文化精神的普遍觉醒，是高度的文化自觉，是旺盛的文化创新和创造能力，因此，营造推动创新、鼓励创造、激励尝试、宽容失败的文化"气场"，是文化发展的内在要义。

4. 临清运河门庄段景观设计说明

一、二区：将建设木栈道作为一种生态修复策略

木栈道位于运河的北岸，连接一二两区，此范围内分布有微地形、休闲广场以及出水平台还有各种适应多样场地环境的植物群落。它们包括香蒲群落、草本群落、以及灌木丛，垂柳林、刺槐林、杨树林。

木栈道也可以称作是林中小路，长期以来河岸被废弃、侵蚀和荒芜，让游客和居民难以靠近。方案巧妙地设计一条随河岸线蜿蜒的木栈道，将不同的植物群落与各处的休闲平台等景观设施连接在一起。木栈道不仅让游客在途中体验不同的植物群落，它也作为一种土壤保护设施，保护河岸免受侵蚀。

三区：生态友好的邻里空间

三区在项目的最东边，这一个区域是整个项目居民区最密集的地段，也是最接近居民日常生活的。此曲将设置多个形状不同、富于高低起伏变化的休闲木平台广场，希望以此来促进人与人之间以及人与运河之间的交流。每个街区将设置一条没有阻碍的直接通向运河的休闲小道并在每条道路的尽头设出水平台，这是一种直接形的通往运河的方式。此范围内同样分布着最适应多样场地环境的植物群落。

四区：景观过渡带与场馆建设的结合

中心新建有一座运河文化展馆以及临清民俗馆。它原本也是退化的湿地，毗邻城市郊外农业带。原来的耕地扩建时破坏了河边湿地的生态环境，生态修复的需求十分强烈。因此，寻求一种能够实现社会、生态和经济可持续的方案，即在场地建造作为教育设施的文化以及民俗馆。展馆不仅是一种纪念运河的形式还是运河文化再生的体现，文化民俗馆的建设延伸入河道，使得二区与四区连接在一起。木栈道和平台系统让人们能从建筑走向湿地，观赏新建成的生境与多样的物种。

四区主要景观带是沿着边缘向中心分布的农业种植赏区，此区域将建成景观的过渡带，自然式的农田与经过规划的农田观赏区景观遥相呼应。

景观设计分析
LANDSCAPE ANALYSIS

1. 区位分析
LOCATION ANALYSIS

4. 周边交通与入口分析
PERIPHERAL TRAFFIC AND ENTERANCE ANALYSIS

临清位于冀鲁豫三省接壤地带西依晋冀能源基地，是西部煤碳外运的交通要道；东靠沿海开放之滨，是承接产业转移的黄金地带；是周边地区重要的商品集散中心。临清市地处温带季风气候，具有明显的季节变化和季风气候特征，属半湿润大陆性气候。

本案的具体位置在临清市南郊地区古运河的门庄段，该区域在内运河与外运河的交叉口西部，整个区域跨城市的四个街区，东部紧接龙山路，西部毗邻315省道，区域内的北岸有滨河大道横穿整个区域，交通非常的便利。

2. 交通分析
TRAFFIC ANALYSIS

3. 周边功能分析
PERIPHERAL FUNCTION ANALYSIS

京九铁路及7条省级干线公路贯穿全市，京福高速、青银高速、济聊馆高速毗邻临清，即将开工的德（州）商（丘）、邢（台）临（清）高（唐）高速和南水北调东线工程均从临清通过，交通十分便利。

门庄段运河的北岸为古城区，在此处大多数为一些居住区，在居住区的附近有一些社会服务的功能区：临清剧院、清真寺、医院、学校、文化遗产、临清一年一度的歇马亭庙会以及购物商场。南岸东部地区以及南部地区为大片的农业用地以及原生林，西部为新规划的住宅小区。

基址分析
ADDRESS ANALYSIS

室内设计

红楼一梦体验性主题酒店设计

学校：江南大学设计学院环境设计与建筑学系　　指导老师：宣炜　孙立新　林瑛　　学生：练春燕

主题分析

■ 文学价值

红楼梦作为中国四大名著之一，具有高度的思想性和艺术性，被誉为古典文学中的世俗大观，内容涵盖服饰餐饮到园林建筑，作为主题的可扩展性非常强。

■ 女性主义

红楼梦在古典文学中有着独特而进步的女性观，它体现了男女的平等和对女性身份的关注与认同，象征着女性意识的觉醒。

设计说明

对于文化缺失的现在，为了让这个主题避免生硬的文学研究与分析，减少符号性的罗列，将重点放在红楼梦的艺术与故事【印象】中，把握其气质与韵味，营造别具一格的环境，让观者【不知其名，但留其味】，引发丰富的遐想，给人轻松闲适的文化体验。

■ 因空见色
云与月为空虚之像，虚无缥缈无法捕捉，空虚生梦，梦醒悟空。

功能分析

整体建筑以回廊环绕中庭水池展开，分为大堂、餐厅、茶室、戏厅、客房五个空间。南为动，北为静，以水相隔。在曹雪芹为红楼梦撰写的创作大纲中，因空见色、由色生情、传情入色、自色悟空，这十六个字很好的概括了整个故事的脉络以及作者所想传达的真意，体现了因空无一物而察觉到万物的表象，由繁华的表象引发人间的情感和苦恼，在得失和苦难中从中解脱，懂得了这些是因为外物的表面引起的，进而悟出万物皆虚终还无。在功能分析中，根据其真意设定各空间的主题与气质，营造出浓郁的空间氛围，从而使顾客在叙事性的变化中得到丰富的精神文化感受。

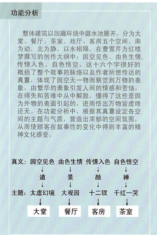

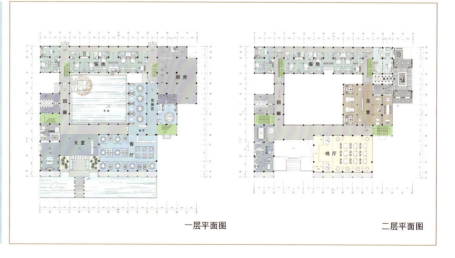

一层平面图　　二层平面图

体验性主题酒店设计——红楼一梦

学校：江南大学设计学院环境设计与建筑学系　　指导老师：宣炜　孙立新　林瑛　　学生：练春燕

■ 由色生情

镜与水乃空，由花与月之影而生色。万物之华，由色成景，因景而生情。

【大观园】

大观园作为红楼梦人物活动的艺术舞台，乃作者结合江南园林与帝王苑囿所创造出来的世外桃源。小说本身也是一部世俗文化大观，其中对于饮食的描写也十分详尽。

餐厅模拟大观园的布局形式，入口处太湖石与沙石堆砌而成的景观，呼应园中的"开门见山"。散座区运用藏景手法，以月洞与梅花门形成曲径通幽的回廊，轻质的白沙夹丝玻璃形成虚幻的隔断，花青之色在朦胧中若隐若现，其连续的形式感使空间产生无尽的错觉。

包厢区延续大堂的肌理，过道以山水石为顶作点缀，花鸟屏风形成一副美妙的长卷，营造出'梦行绮陌执青灯'的意境。

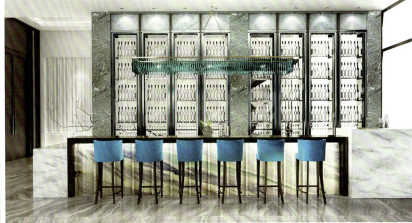

传情入色

学校：江南大学设计学院环境设计与建筑学系　　指导老师：宣炜　孙立新　林瑛　　学生：练春燕

【情】

二层客房平面图

【金陵十二钗】

作者以金陵十二钗正册林黛玉、薛宝钗、贾元春、贾探春、史湘云、妙玉、贾迎春、贾惜春、王熙凤、贾巧姐、李纨、秦可卿为主线展开故事，刻画了一系列个性鲜明的女性形象。

客房为整个空间的高潮，丰富的色彩和柔美的女性气息，赋予了空间性别，通过对十二钗人物特征气质的把握，进而产生个性，由空间自身来述说人物的点滴，营造出别具一格的主题客房。

【潇湘】

黛玉

判词：堪怜咏絮才　玉带林中挂
住所：潇湘馆

气质——风露清愁
花相——芙蓉
色相——草之青，木之灰，黛之黑。

宝钗

判词：可叹停机德，金簪雪里埋。
住所：【蘅芜苑】

气质——任是无情也动人
花相——牡丹
色相——雪之白，簪之金，花之丹

【蘅芜】

熙凤

判词：凡鸟偏从末世来，都知爱慕此生才。

气质——五辣
花相——凤凰花，玫瑰
色相——正红，宝蓝，明黄

【颐和】

学校：江南大学设计学院环境设计与建筑学系　　指导老师：宣炜　孙立新　林瑛　　学生：练春燕

■ 白色悟空

【悟】

【千红一窟】

白色悟室，静虚生鉴，开觉一切有悟。
氤氲梦室，如莲华开。
人生如梦，尘世是苦海，悟道解脱方是真。

本名出自红楼梦第五回"游幻境指迷十二钗 饮仙醪曲演红楼梦"，此茶名曰'千红一窟'，谐音哭字，寓意着故事浓烈的悲剧色彩。
茶室乃整个酒店空间的回味之所，去掉一切繁华艳丽的表象，仅剩苍白与浊灰之色，素雅中留有淡淡的女性气息，在宁静中回归于虚无。

■ 戏诗茶酒

《红楼梦》描写的是钟鸣鼎食、诗礼簪缨之家的茶文化，幽雅的茶室显得富贵豪华。
茶室除了传统的桌椅，还设有沙发茶座，私密区则有可躺卧的软塌。包间内设有备茶区，以及书画表演。优雅的琴声相伴，提供截然不同的品茶体验。

学校：华南理工大学建筑学院　　指导老师：姜文艺　　学生：梁嘉敏　郑惠婷

酒店 Hotel

HOTEL O 设计成果篇

国家体育场赛后改造之酒店概念设计
Hotel of Conceptual Design

华南理工大学
South China University of Technology

郑惠婷 梁嘉敏

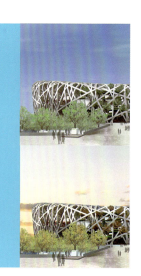

概念来源
Concept

改造前 Before　　　　　　　　　改造后 After

  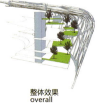

原有楼板　　加入绿色平台　　种植树木　　整体效果
original　　Green platform　　plant trees　　overall

在污染严重的环境里，我们在鸟巢外部设计一层绿色屏障，把污染隔绝在外，在内部创造自然清新的环境。楼板与钢架层之间空间大，可以用来营造绿色屏障——空中花园，作为空气的过滤层与公共活动空间。

Considering the polluted environment, we design a green barrier covering outside which can prevent the pollution air against interior and create a natural environment. Basing on the huge space between floors and structure, we make it as our green barrier, the sky garden, which can be the air filter layer and public space.

酒店定位
Positioning

绿色健康酒店：Hotel O
　　技术方面——营造微气候环境
　　室内设计——自然清新的室内环境
　　经营方面——提倡健康的生活方式

客人定位：
　　奥体中心附近游客
　　周边居民
　　支持环保的市民

酒店吸引点：
　　自然清新的环境
　　健康俱乐部：健康讲座、私人护理
　　绿色健康餐厅
　　四种特色房间享受
　　鸟巢本身的吸引点

Healthy green hotel: Hotel O
　　Technically——construct microclimate environment
　　Interior——design natural and healthy environment
　　Management——advocate healthy living habits

Customers:
　　Visitors of Olympic Center
　　Residence nearby
　　Environmentalist

Attractive points:
　　Healthy and natural environment
　　Healthy club: lecture, private care
　　Healthy green restaurant
　　Four feature rooms
　　Attractions of Nest

学校：华南理工大学建筑学院　　指导老师：姜文艺　　学生：梁嘉敏　郑惠婷

酒店　Hotel

特色空间
Feature Space

入口庭院
Entrance courtyard

叠水与树阵形成微型的水汽循环系统，把冷空气带入室内
Layer-dropping water and tree array construct moisture ciculation system.

健康餐厅
Healthy restaurant

加入充满阳光的庭院，设置绿萝墙和栽种植物，创造清新环境
Put a sunchine and green contryard inside and set plant walls.

空中花园
Sky garden

使冰冷的钢架空间变成自然清新的立体森林，过滤空气，提供氧气。
Turn the icy structure space into natural forest, which can filter air and provide oxygen.

五层大堂
Lobby

设有水幕和绿墙吸收与过滤空气尘粒，创造有氧的健康清新环境。
Set water curtain and plant walls to absorb polluted air.

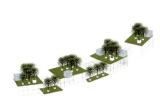

学校：华南理工大学建筑学院　　指导老师：姜文艺　　学生：梁嘉敏　郑惠婷

酒店　Hotel

特色房间
Feature Rooms

按摩房
Massage rooms

1. 私人按摩台，引入天光
   Private massage table, introduce sunlight
2. 引入水池与栽种植物
   Water courtyard and planting
3. 大理石营造宁静氛围
   Marble wall creating silent surrounding

睡眠房
Sleeping room

1. 洞穴空间营造安静睡眠气氛
   Cave space creates peaceful sleeping environment
2. 倾斜植被阻挡赛场景色
   Slope vegetation block off the poor view from stadium
3. 采用重竹与麻布
   Use bamboo-wood and linen

冥想房
Meditation room

1. 面对水帘进行冥思
   Meditation facing water curtain
2. 竹子作为隔断墙体
   Use bamboo as space separation
3. 引入水庭
   introduce water courtyard

学校：宁波大学科学技术学院设计艺术分院　　指导老师：查波　　学生：余海韵　蒋程琴

插入式公寓
预制型住宅设计
The new type prefabricated housing design

01

Residents according to their own preferences and economic conditions, arrange their required for residential space, can free to planning and division of space, creating personality living space. Using Shared space for residents living in more communication platform, improving modern society lack of communication between neighbors get along with not harmonious present situation.

设计背景
Design the background

在现今高楼林立的城市生活中，大多数人都是两点一线的生活，邻里之间缺乏交流，相互依赖性减弱，独立性加强，导致邻里不和谐。然而，渴望交往、向往温馨、追求和谐的人际关系是人类的本能，冷漠与疏远的"高楼效应"的背后，恰恰蕴含着对建立新型人际关系的渴望。

现在大都市在给人们提供完善的公共设施和更高的社会服务的同时，带来的却是人与人之间交往越来越少，人们的归属感和幸福感在降低，而随着房价的飙升，能拥有一套属于自己的房子也成为一种奢侈。

构思设计的"框架式住宅"用应自然、环保、和谐、生态的理念来赋予住宅新的生命，让人们强烈的感受到不同于都市的生活模式。

设计目标
1：以人为出发点在城市中心最经济的居住方式
2：高度城市化背景下青年人居住方式的研究
3：居住的范围　模糊的室内外关系　亲密的邻里关系　更自主的室内空间

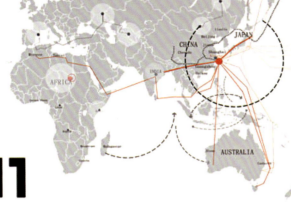

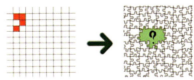

我们在组合空间的分析上，希望看到城市里的家长里短，它们具有城市的基本特质，生活和生命力往往蕴含在那些司空见惯的，而不是昙花一现。因此我们在四合院的基础上，设计一种围合形的新模式，通过叠加把不同的功能引入到建筑里。在四合院里形成公共空间，这样就解决了框架式结构的安全隐患。

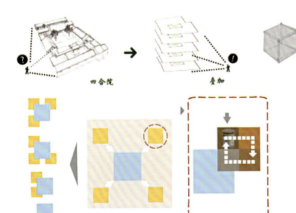

传统平面的布置上，建筑的户型和单元面积已被商家固定，没有业主的自发性存在。因此我们想要做的是可任意拼装的插入式住宅具有很大的灵活性

组合形式分析
Combination of form

建筑定位
Building location

概念分析
Conceptual analysis

家具概念包
Hypothesis — Space Package

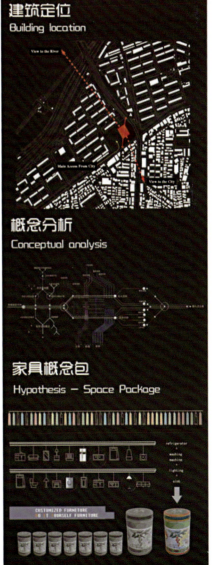

学校：宁波大学科学技术学院设计艺术分院　　指导老师：查波　　学生：余海韵　蒋程琴

单体运输
Monomer transport

室内功能单体
Indoor functional monomer

对象调研
Research object

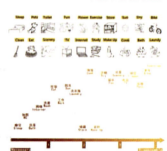

室内都采用模块化的单体，随着面积的不断增加，来满足不同人群的功能需求。

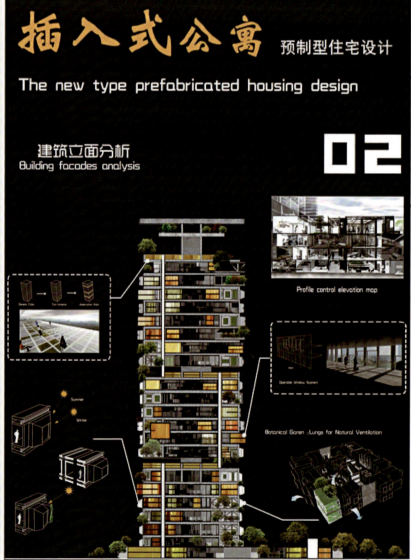

插入式公寓 预制型住宅设计
The new type prefabricated housing design

建筑立面分析
Building facades analysis

02

学校：宁波大学科学技术学院设计艺术分院　　指导老师：查波　　学生：余海韵　蒋程琴

户型演变
Door model the evolution of

空间演变
Spatial evolution
private and public space are devided flexibly

关于户型的类别，大致分为A空间（即必需空间）和B空间（即可选空间），A空间能满足人们睡觉、吃饭、上厕所的需求，B空间又包括客厅、厨房、阳台等功能。若增加一个单体，那么人、面积、功能都会成倍增加。而且A空间和B空间具有很多的组合方式，可根据住户的经济水平和基本需求来搭配。

在私人区域和共享区域中，我们打破了传统高层公寓的模式，"插入式公寓"的基本结构是一座格状高塔，每家每户都住在独立的单元里，根据用户的要求，把每个单元插入不同的格子，这样的设计把"一般性"与"独立性"的平衡发挥到极致，创造出一种与众不同的住宅模式。

我们的设计理念是：住户根据自己的喜好以及经济条件，安排自己所需要的住宅空间，可自由的对空间进行规划及划分，打造个性住居空间。利用共享空间让居住在一起的住户有更多沟通交流的平台，改善现代社会邻里之间缺乏交流，相处不和谐的现状。

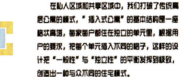

Transition zone

03

plug – in apartment
Type prefabricated houses

单身青年居洗衣房效果图

根据各居不同年龄段的性格特征，设置了不同的功能区域，来满足住户的生活需求。再加以柱梁上的标识系统来明确的提醒住户所在的地理位置。

单身青年居的集装箱运用鲜艳丰富的色彩，来迎合青少年们喧嚣活跃的性格特征。夫妻情侣居用了浪漫的色彩来装饰集装箱。一家三口居和三代同堂居则运用较稳重的色彩来体现居住人群的性格特征。

居中丰富的共享空间旨在成为一个促进邻里关系，增进相互了解的社会容器，以化解公众和私人领域界限。

1　单身青年居活动室效果图
2　单身青年居健身房效果图
3　夫妻情侣居厨餐厅效果图
4　夫妻情侣居休闲区效果图

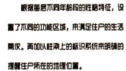

学校：长春理工大学艺术设计系　　指导老师：包敏辰　梁旭方　刘绍洋　林立　高婷　　学生：倪盛岚　杜延华　吴志文　周义　张星星

设计灵感

对于湘西那一片迷人的水土，我最初的接触时还是从沈从文先生的作品《边城》开始。我非常的向往那诗情画意如水墨丹青一样的湘西世界，当人们走进传统的湘西民居聚落，面对那些密密麻麻、无序的房屋，曲折的条石街巷，纵横交错的遮篷支竿，新旧不一的生活器皿时，不是感到一种无法忍受的视觉和心理压抑，而是情不自禁地产生一种美感、亲切感和愉悦感，正是他的文字引起了我对湘西这片神奇土地的探索，他所描绘的世界是我此次创作的灵感与来源。

概念主题定位

边城——湘西民俗文化展览馆位于湖南省湘西自治州，该区域中间水网穿布，自然林区围绕，地理环境的可塑性很强，但是目前存在几个问题，一是环境缺乏整合，整体环境质量不高。二是整体空间区域欠组织，居民生活区和公共空间区分布不尽合理。三是此区域没有与周边区域有机联系起来。本方案设计的目标一方面是为原住居民服务，为公众提供知识、教育和欣赏的文化教育的场所。另一方面是为游人提供游息饮食休闲等功能。一座博物馆就是一部物化的发展史，人们通过文物与历史对话，穿过时空的阻隔，俯瞰历史的风风雨雨。从小里说，这是维系中华民族团结统一的精神纽带；从大里说，这是源远流长的地方历史的重要见证。

1　入口
2　大厅
3　接待台
4　民俗饮食文化展区
5　民俗头饰展区
6　民间戏曲展厅
7　休息区
8　卫生间
9　多媒体放映室
10　民间故事展区
11　会议室兼接待室
12　办公室
13　出口

学校：长春理工大学艺术设计系　　指导老师：包敏辰　梁旭方　刘绍洋　林立　高婷　　学生：倪盛岚　杜延华　吴志文　周义　张星星

概念形成

设计意念立于湘西传统民俗"素"、"俗"文化概念。"素"主要体现在空间形态上以造园手法展现素俗空间情趣—清淡、净素的展览氛围，室内空间中荷池、石凳、仿古石砖交相辉映，使空间灵动具有东方气韵。材料组和上以清水泥墙为主，灰砖石墩为辅，荷花为点缀来体现素的自然本身。

"俗"乃提取湘西民俗习俗中的苗族服饰，饮食，人文舞为素材作为不同精简的主题，空间装饰上提炼了湘西本土建筑的诸多元素，把代表性的传统民居天井、石墩门饰窗饰、荷花、红灯笼等元素融入空间整体表现中

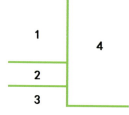

1 民俗头饰展厅
2 饮食文化展厅
3 接待台
4 大厅

点评：该方案为展览空间，是一次现代设计语言对古文化的全新演绎。空间中运用了湘西民俗文化中的石墩、天井、门窗装饰以及荷塘等元素作为创作手法，很好地展示了湘西民俗文化的韵味与魅力。

学校：宁波大学科学技术学院设计艺术分院　　指导老师：查波　周韦纬　　学生：吴乾　袁奇伟

夹缝重生

设计启发

一颗小小的种子在夹缝中挤出一条生命，在夹缝中坚强的生长，向夹缝四周生长，给黑暗的夹缝带来了绿色的生机。

设计要求

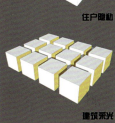

住户隐私

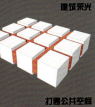

建筑采光

打通公共空间

设计背景

都市因为时代的累积，都市中可建土地也迅速减少，造成都市土地资源匮乏，人均用地紧张。

都市建筑中老居民楼存在着的"夹缝"，"背立面"现象，如同一个被人遗忘的空间，却存在也同时消耗都市中的空间资源。

在此运用具"夹缝"、"背立面"作为依附的基地，发展出新的空间，提供住户更多的活动空间、新的居住空间以及交流的平台。

设计思路

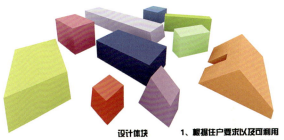

设计体块

1、根据住户要求以及可利用"夹缝"、"背立面"空间大小设计不同体块的区域。

布置体块

2、利用工字钢作为载体对区域体块进行合理布局规划。

区域划分

3、进行详细合理的功能区域划分。

中国环境设计学年奖

学校：宁波大学科学技术学院设计艺术分院　　指导老师：查波　周韦纬　　学生：吴乾　袁奇伟

02 夹缝重生

本方案是利用城市中被人遗忘同时也消耗城市中空间资源的灰空间（即建筑夹缝以及建筑背立面），在不破坏原始建筑的基础上，利用既环保又方便的钢材，创建出一种新形式的空间，在一定程度上增加原始建筑住户的可利用空间（包括私有空间及公共空间），缓解了城市用地紧张，减少了空间浪费。在本方案中设置了交流区、儿童区、休息区、攀爬区，增强原建筑住户之间的互动；设计了垂直绿化，美化原始建筑环境；设计了私有空间，增加了居住可能性，缓解居住压力；对原始建筑楼顶以及背立面进行设计，减少楼顶的日晒，增加可利用空间。本方案的设计的空间模式适用任何建筑密集并且居住压力较大的地区。

设计说明

建筑优势

新增区域分析

半封闭共用阳台单体制作

半封闭共用阳台单体演变

工厂预铸　运送迅速　安装简易

材料与构造都是我们所熟悉的钢结构与木结构系统

建筑分析

此设计是连接住宅背立面系统，以钢架的方式连接具有模块化的单体空间，并考虑到空气的流通性，采用半开放式结构。此设计考虑到太阳日照的不同角度，设计了可旋转式的系统，如同向日葵会朝着太阳一般，让建筑里面成为活动的韵律皮层，成为呆板都市空间中一活泼元素。

设计PART1

① 太阳能板
② 太阳能雨水储存槽
③ 电动转盘
④ 太阳能百叶遮阳板
⑤ 隔热雨淋板
⑥ 电子遮阳布帘
⑦ 百叶太阳能储存电池
⑧ 调节室温水管墙
⑨ 窗
⑩ 回收水储存槽

调节室温水管墙回收水的注入可透过太阳能源的加热或冷却去调节室内温度高低，对应四季分明的气候，原理如同电脑主机里的冷却降温水管。

太阳能百叶遮阳板每一单元都设置太阳能百叶遮阳系统，其电力可供旋转引擎使用。

单元的旋转可自行对应太阳角度的变化可有效延长日晒的时间。

设计PART2

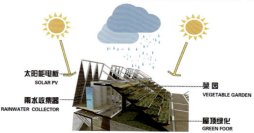

太阳能电板 SOLAR PV
雨水收集器 RAINWATER COLLECTOR
菜园 VEGETABLE GARDEN
屋顶绿化 GREEN FOOR

学校：宁波大学科学技术学院设计艺术分院　　指导老师：查波　周韦纬　　学生：吴乾　袁奇伟

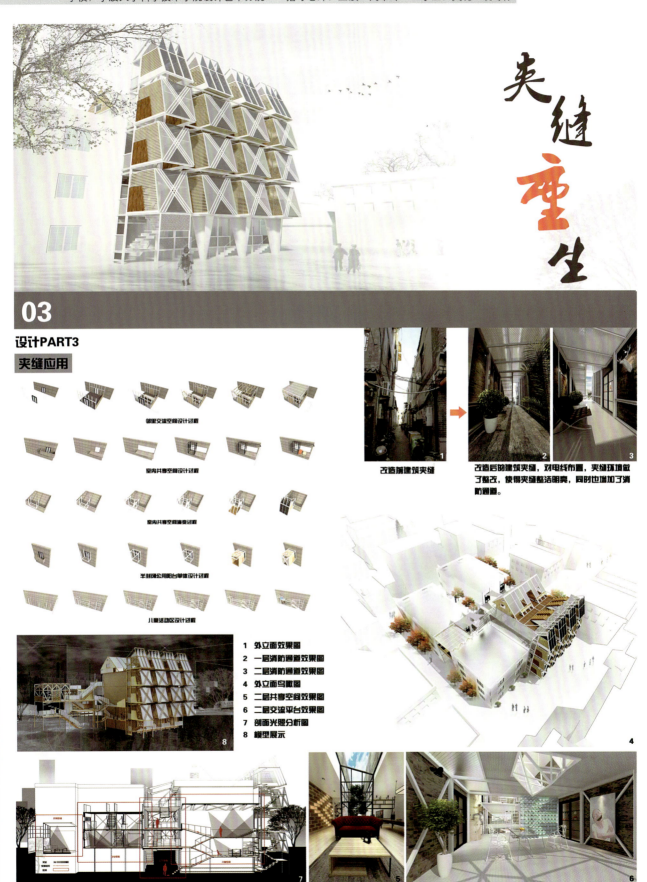

点评：该作品针对当下提高土地利用率，加强人与人之间的互动等社会热点问题，利用夹缝空间进行创意设计，我认为如能在设计同时加入建筑设计专业方面的概念，进行疏散、交通、防火、安全等分区的设计则更好！该设计作品在引导居民生活方式、丰富空间层次、提高生活品质等方面具有积极意义。

中国环境设计学年奖

学校：内蒙古师范大学国际现代设计艺术学院　　指导老师：王鹏　　学生：蔡金猛

室内设计

最佳创意奖——铜奖

INK STATIO 墨境

方案提出原因：
快节奏的生活，使现代风格大行其道，但有些人不能满足于现代风格底蕴的苍白，想吸了一定文化内涵，部分接受中式风格的人也不满足其复杂繁琐，想在保持原有韵味的基础上进行改变。

定义：
富有文化底蕴，又显得灵动感、时尚、硬朗，没有中式风格的繁琐。

宗旨：
就是办公空间尊贵、优雅、神秘文化气息，让办公空间突出高雅。

地点确立
江苏苏州市　吴中区　毗邻京杭运河
苏州，地处长江三角洲地区，位于江苏省东南部，古称吴都。

分析
由于苏州属于亚热带气候常年均温在15度所以不应该大面积开窗；又因为它的降水多应该注意它的排水。

交通状况
公园位于东吴塘附近交通便利。

气候
苏州地处温带，四季分明、气候温和、雨量充沛、属北亚热带季风气候，年均降水量1100毫米，年均温15.7℃，1月均温2.5℃，7月均温28℃。

外观设计说明：
外观采用水墨的黑白色调，同时受到徽源建筑风格的影响，而高大的木门既可以起到装饰作用也可以突出墨的庄重和大气。而屋顶的线条则凸显它的灵活性。

平面图设计说明

一层平面图
1.水景区　2.大堂　3.接待区　4.楼梯　5.走廊
6.换衣间　7.储藏室　8.男卫　9.女卫　10.吧台
11.电梯　12.走廊　13.景观休息区　14.水景区
15.休息区　16.办公区　17.会议室　18.打印室
19.档案室　20.存包处　21.展示区　22.接待台

二层平面图
1.楼梯　2.廊桥　3.电梯　4.会议室（二）　5.休息区
6.总经理室　7.秘书　8.财务室　9.卫生间　10.副总经理室

设计概念

一　水墨的感觉

水墨的东西使人感觉活泼灵活现，水墨给人一种清新细腻的感觉水墨给人一种尊贵优雅又有一种个性个别气质包括自由奔放的气质平静而神秘。

- 硬朗 → 直线条
- 灵活　个性 → 连接
- 尊贵优雅文化 → 画卷
- 色彩 → 黑白灰
- 气质 → 平面静

二　从对水墨的感觉进行发散

理解
水墨画，是绘画的一种形式，更多时候，水墨画被视为中国传统绘画，也就是国画的代表。基本的水墨画，仅有水与墨，黑与白色，但进阶的水墨画，画出不同浓淡（黑、白、灰）层次。别有一番韵味称为"墨韵"。

思路
色彩从水墨中提炼黑白灰，形态从水墨中提炼池塘，尺度从笔触中提炼出方圆。精神从水墨画中提炼出"平静"。

宗旨
硬朗、灵活、个别、个性、尊贵、优雅、神秘的文化气息。

一提起水墨便使人很容易联想到水墨画也是绘画的一种形式，更多时候，水墨画被视为中国传统绘画，也就是国画的代表。基本的水墨画，仅有水与墨，黑与白色，但进阶的水墨画，画出不同浓淡（黑、白、灰）层次。别有一番韵味称为"墨韵"。而整幅水墨画给人一种流畅，无穷方力的感觉。而水墨精神上给人一种静的感觉。这是一种平静所以给它起名叫**墨静**

152

中国环境设计学年奖

学校：北京工业大学环境艺术设计系　　指导老师：孙贝　　学生：王家懿

元代瓷器博物馆——展陈空间设计

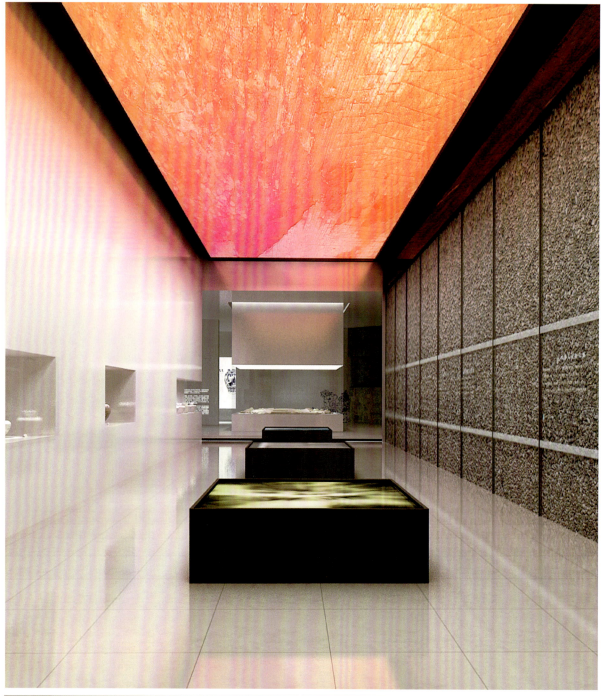

学校：仲恺农业工程学院何香凝艺术设计学院   指导老师：李树生   学生：黄宏锋

古艺轩餐饮空间设计

整个餐饮空间的方案设计带着淳厚的中式气息与浓烈的原始生活韵味，而每一个功能空间的诠释使你感觉到进入一个古代中式的梦境里面。在每个流动的音符中都蕴涵这深深的艺术气息，只要细细品味，才能悟出其中的奥妙之处。设计方案中融入了古代传统文化的创新，打造一个富有现代气息的中式理念餐饮空间设计。将现代中式元素与古代中式传统元素融为一体，以现代人的审美需求来打造富有典型韵味的中式空间，更好地诠释了中式传统建筑风格。

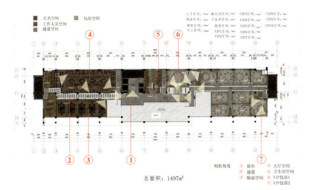

▲前台空间角度一

▲前台空间角度二

▲前台空间角度三

▲隔扇空间

▲洗手间空间

点评：本餐饮空间设计中，作者精心吸纳了许多典型中国传统文化元素，且没有受到传统惯性的约束，大胆采用了许多现代元素的材质和造型，使地道的中式空间在传统文化的浓厚氛围中显出时代的清新气息，让人欣喜。

学校：华南理工大学建筑学院　　指导老师：姜文艺　　学生：姜宇君　姚伊迪

越极限 HOTEL X赛后商事——国家体育场赛后改造室内设计

 空中餐厅设计概念
Concept Design

特色餐厅位于五层平台东侧，结合鸟巢原有钢桁架进行考虑，利用桁架空间作为空中餐厅区域。
Specialty restaurant is located at the east side of the fifth floor. Consider the possibility of reusing the existing steel structure as the part of the sky restaurant.

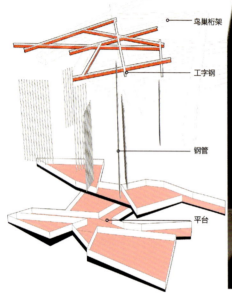
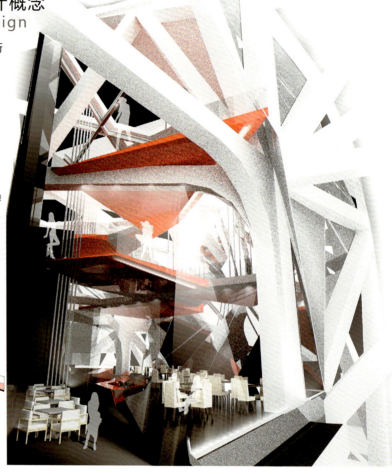

功能分区 Function

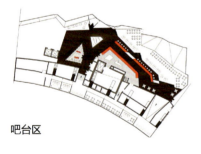
吧台区

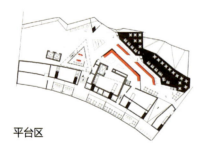
平台区

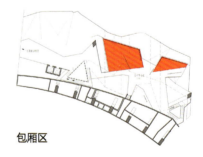
包厢区

材料意向 Material Space

餐厅立面选用大理石、金属、亚克力等材料，并用黑、红主色调辅以白色作为餐厅主配色，几何感突出，简洁干练，色彩明快。

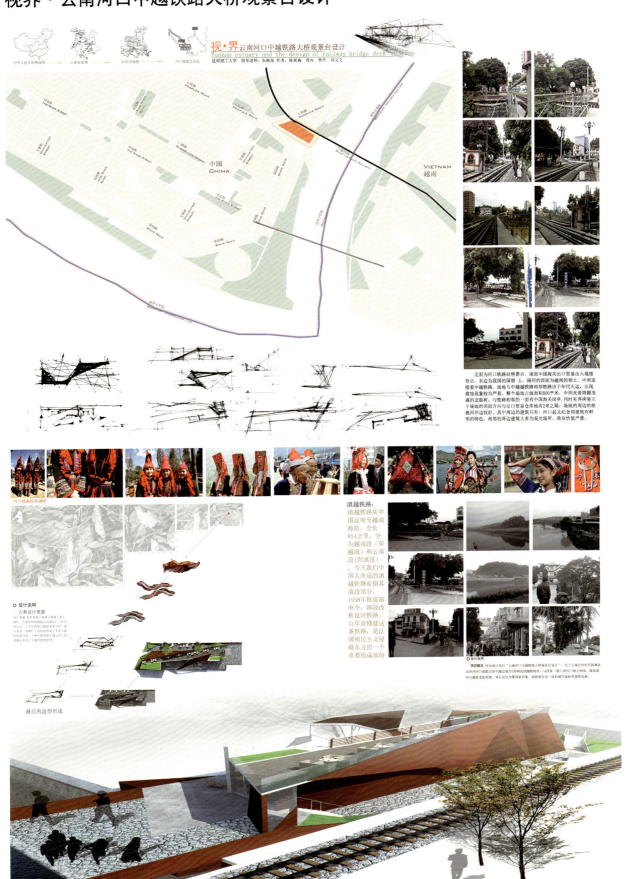

中国环境设计学年奖

学校：宁波大学科学技术学院设计艺术分院　　指导老师：查波　梅敏　　学生：俞骏　吴亚芸

创意工厂——和丰创意文化中心
IDEA FACTORY——CREATIVE AND CULTURAL CENTER OF HEFENG

元素分析
Source of idea

以轻质水泥纤维板为主要材料来架构整个空间，看似简单的阶梯，除了其固有的导视和区分空间的作用，在本案设计中还赋予了它新的定义，即产品展示功能。使得贯穿整个空间的阶梯成了创意家具展示的重要载体。并将这些创意家具悬挂于空间顶部，给消费者以其失去地心引力而悬浮在空间之上的视觉震撼。我对这些家具的理解是：它们都是生活的必需品，每个创意家具背后都有着不同寻常的故事，希望它们能够让购买者产生共鸣，并不由的将它们带回家。而且在原本生冷的混泥土地面。增添了以橘色为主调的暖色系导师系统以及产品说明，让整个空间独具一格又不失亲和力。

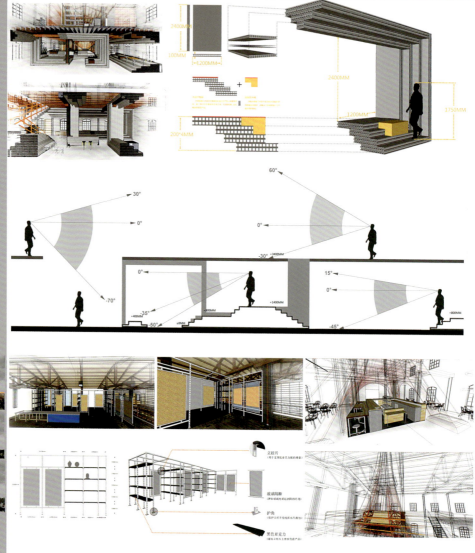

学校：广东技术师范学院美术学院环境设计系　　指导老师：陈国兴　　学生：杨敏琪　洪杰

巢居——广州城中村住宅模式概念设计

▲ Indoor space/室内空间　　　　　　　　　　　　　　　　　　　public space/公共空间 ▼

巢居——广州城中村住宅模式概念设计

学校：江南大学设计学院环境设计与建筑学系　　指导老师：宣炜　孙立新　魏娜　　学生：李佳琦

"观自在"禅主题休闲会所设计

大堂重帘 THE LOBBY

所谓会所，就是以所在物业业主为主要服务对象的综合性高级康体娱乐服务设施。会所具备的软硬件条件：康体设施应该包括泳池、网球或羽毛球场、高尔夫练习场、保龄球馆、健身房等娱乐健身场所；中西餐厅、酒吧、咖啡厅等餐饮与待客的社交场所；还应具有网吧、阅览室等其他服务设施。以上一般都是对业主免费或少量收费开放

（一）会所的最初产生是志趣相投的人员组成的联盟，发展至今日会所成为为同等社会地位的人员提供的私密性社交环境，成为高档消费人群的聚会场所，"会员"也成为权力财富的象征。

（二）会所根据功能设置、经营模式、区域服务方式和使用范围可分类为综合型会所和主题型会所、营利型会所和非营利型会所、独立型会所和连锁型会所、公共会所和社区会所。

（三）会所与环境有着独特的建筑个性与空间序列特征，建筑师根据当地的地理特征、历史传统、居民的行为活动特点，以人为本，创造高质量的景观环境。

（四）空间的使用性质和功能要求由其中所容纳的人的行为活动决定

禅宗美学

无常观
禅本无言，但却有着无限的意义于无常，遵循着"天、地、人"的和谐统一思想，天人合一，宁静致远，营造优雅、返璞归真的氛围，通过形态和质感的统一来追求"静、雅、美、真、和"的意境，禅宗的审美理念，重精神不重形式，用物质上的"少"寻求精神上的"多"借以表现含蓄、平淡、单纯和空灵之美。

家常境
禅的精髓在于"不说破"留给人想象的空间让人自行参悟，大凡美的东西都是自然的流露，禅是一种生活哲学，其智慧体现于"衣、食、住、行"重视心的表达，弘扬精神，寻求空寂的内省，保持一颗超脱的心灵境界。

平常心
禅宗的智慧在于其主张"平常心是道"禅理的表达应落实于朴素的日常生活，体会禅应摒弃世俗，不执于细枝末节，而是注重对整体的理解、欣赏与把握。

设计的出现来源于人的本心
设计的本质是解决人的根本问题
设计的目的是满足人的本质需求

guān zì zài
观 自 在

名字取该法佛教流传最广的《般若波罗蜜多心经》的开头

"观自在"的本意就是由心观世界，观照万法而任运自在

设计应该为人服务，本设计的意图便是让人回归本我，在会所中能体会禅意及佛性，审视内心从而得到新的生活态度

命名

尹山湖位于苏州城区东南角，西邻吴中市区，北靠苏州工业园区，是吴中区政府和郭巷镇政府主力打造的郭巷未来城市生活中心。设计方案意图让人们在会所中体验远离世俗尘嚣的感受，在一片净土中回归本心，再通过设计给予的感受引导，最终体会到禅意佛学的境界美。苏州尹山湖未被开发，四周环湖，周遭交通便利湖心小岛具备与周围隔离的特质但又不是完全远离社会，能够满足设计要求也同时具备大隐隐于市的风范

餐厅楼梯 RESTAURANT STAIR ▼　　进门楼梯 THE DOOR STAIR ▼　　餐厅楼梯 RESTAURANT STAIR ▼　　室内剖面 THE INDOOR SECTION ▲

"观自在"禅主题休闲会所设计
ZEN CULTURE EXPERIENCE CENTER

学校：江南大学设计学院环境设计与建筑学系　　指导老师：宣炜　孙立新　魏娜　　学生：李佳琦

ZEN CULTURE EXPERIENCE CENTER
"观自在"禅主题休闲会所设计

觀自在

禪庭水景 ZEN WATERSCAPE

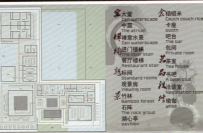

空间分析 SPATIAL ANALYSIS

平面功能 PLAN FUNCTION

堂 大堂 Zen waterscape
庭 中庭 The atrium
禅 禅庭水景 Zen waterscape
构 进门楼梯 The door stair
餐 餐厅楼梯 Restaurant stair
趟 趟间 Standard rooms
观 观景房 Viewing room
景 竹林 Bamboo forest
石 石阵 The rock group
湖 湖心亭 pavilion
会 榻榻米 Couch couch rice
卡 卡座 booth
吧 吧台 The bar
包 包间 Private room
茶 茶室 Tea house
书 书吧 A book club
谈 洽谈室 Negotiation room
瑜 瑜伽 yoga

设计理念 DESIGN CONCEPT

禅—— 空灵、宁静　本源　"不说破"　个人参悟　般若、大智慧 —— 让人心灵变得博大，空灵无物，超然平淡，人生如行云流水，回归本真，这便是参透人生，便是禅。

设计　圣地　选址湖心岛　简约不简单　风格简约 重视意境　环境引导　回归本心 荡涤灵魂 —— 在会所内，身体得到放松，心灵也得到解脱，在放松的状态下体会一种宁静安和的人生态度

the design of zen
觀自在

空 以飘忽之思，运空灵之色，玲珑剔透，宛若镜中花水中月，如入无极之境，壮阔幽深的空间中呈现高超莹洁的宇宙意识和生命的情调，无形无相却观得万景得得天全

静 静与动对，心灵的平静并非万籁俱寂而是心灵平静可容万物之音，聆听有声至聆听无声，滤去自然而存心灵体验，惟心静方可用心去听而非用耳去听

禅 于无定之中产生无上智慧，人生在世博大空灵无物，如倾尽之皿可存四海之水，人心方如禅定方的恬淡安静

悟 行深般若，得大智慧，得大彻大悟，得回归本心，悟人生意义，思生命体验

设计目的 DESIGN PURPOSE

竹径长寂寥，幽人自来去，禅房花木，曲径通幽在草叶的香气中聆听虫音忘却尘世纷扰，会所以"禅"为主题，但是"禅"的意义又高深莫测，一千个人就有一千个哈姆雷特，每个人对禅意的理解也自然不尽相同，真正的设计不应该是向人灌输某个既定的概念，而是通过设计的语言对人进行引导，从而让享用设计的人从中得到自己的理解。"观自在"会所设计本着引导人们想法的理念进行设计，根据自己的理解将理解禅文化分为四个部分"空、静、禅、悟"四个部分进行空间设计，四个部分既各自独立又相互联系，串成一个完整的故事线，贯穿整个空间设计的始终，空灵、沉静、会禅、悟境最终从设计中体会每个人自己所理解的禅意，且这是一种入世而非出世的禅意，不主张空泛的放弃世俗，而是回归本心，重新思考人生，得到休息的同时获得新的人生体验和生活态度，体会"惟有此亭无一物，坐观万物得天全"的自在人生观

一层平面 A LAYER OF FLOOR PLAN
二层平面 ON THE SECOND FLOOR PLAN

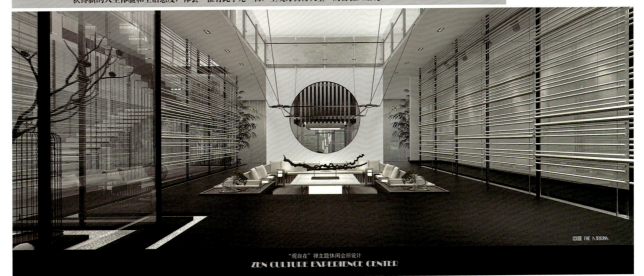

中庭 THE ATRIUM
"观自在"禅主题休闲会所设计
ZEN CULTURE EXPERIENCE CENTER

中国环境设计学年奖

学校：江南大学设计学院环境设计与建筑学系　　指导老师：宣炜　孙立新　魏娜　　学生：李佳琦

壹層材質分析

貳層材質分析

室内设计材料以木材为主，搭配经典的白沙砾石以及毛石材质，局部采用半透明材质以及琉璃材质，作为空间装饰亮点。材料的使用上，选择多为有质感的材料，凸显材料本身的特质来丰富空间，透明的琉璃材质和质感强烈的石材木材形成鲜明对比突出重点。

学校：江南大学设计学院环境设计与建筑学系　　指导老师：宣炜　孙立新　魏娜　　学生：李佳琦

ZEN CULTURE EXPERIENCE CENTER
"观自在"禅主题休闲会所设计

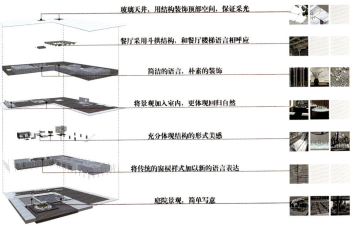

- 玻璃天井，用结构装饰顶部空间，保证采光
- 餐厅采用斗拱结构，和餐厅楼梯语言相呼应
- 简洁的语言，朴素的装饰
- 将景观加入室内，更体现回归自然
- 充分体现结构的形式美感
- 将传统的窗棂样式加以新的语言表达
- 庭院景观，简单写意

平静的湖面上白色的建筑安静高雅，没有华丽的外表只有简洁大气的语言表达 空间上的"空"

建筑立面

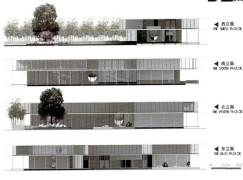

- 西立面 THE WEST FACADE
- 南立面 THE SOUTH FACADE
- 北立面 THE NORTH FACADE
- 东立面 THE EAST FACADE

建筑分解

设计中把传统元素进行归纳总结，通过一些建筑的语言再解读，再将这些语言融入室内，室内以简约风格为主基调，细节添加部分主要用构件，让室内具有现代感并且不会有过多的装饰元素而导致室内设计变得拖沓繁杂，这一想法也符合原本展现禅意的设计初衷

建筑分解
Theme club space interior design
the design of zen

建筑立面
Theme club space interior design
the design of zen

"观自在"禅主题休闲会所设计
ZEN CULTURE EXPERIENCE CENTER

室内设计 最佳设计奖—银奖

中国环境设计学年奖

学校：同济大学建筑与城市规划学院建筑系　　指导老师：左琰　　学生：蒋若薇 吴佶

光之恋——主题酒店设计

前期调研 案例分析 1

星级酒店
常见配置
标准间 30㎡　商务间 30㎡
商务大床间 50㎡　豪华间 80㎡
凯迪克格兰云天大酒店　RMB 699
北辰五洲大酒店　RMB 707
国家会议中心大酒店　RMB 710
北辰汇酒店公寓贵宾楼　RMB 722
中奥马哥孛罗大酒店　RMB 863
Crowne Plaza Hotel　RMB 1100
北京盘古七星酒店　RMB 1228

快捷酒店
常见配置
标准间 20㎡　大床间 30㎡
炫豪宾馆　RMB 143
轩宇宾馆　RMB 143
罗马阳光酒店　RMB 154
格林豪泰　RMB 246
云冈商务酒店　RMB 268
锦江之星　RMB 269
成果酒店公寓　RMB 258
速8酒店　RMB 298

光之恋 Into night Into light
主题酒店设计 Boutique Hotel Interior Design

学生：08级建筑学 蒋若薇 吴佶
指导教师：左琰
2013届CIID"室内设计6+1"校企联合毕业设计

精品酒店 区位特征

城市中心区 — 便利的交通 / 充分的社会资源 / 丰富的商业

历史文化街区 — 便利的交通 / 充分的历史资源 / 良好的宣传效应

热点景观区 — 交通不是特别便利 / 充分的历史资源 / 迷人的自然风光

精品酒店 案例分析

北京东隅酒店
位于将台的颐堤港（INDIGO）内，是一处新兴的商业中心

369间客房，包括23间套房
设有三间创新的餐厅和酒吧
室内游泳池和健身训练设施
现代化的会议和讲座场地

空间紧凑，单床房为主
拥有主要的观景面
卫生间开放布置
隔断布置开敞灵活

大堂空间　30㎡ 城市景观

游泳池健身空间　40㎡ 园林景观

客房室内空间　70㎡

方案设想 设计定位

现状分析　　　　设计定位

城市地标建筑　　主题概念酒店
功能性单一　　　多用途功能
空间可用性低　　提升空间利用率

164

学校：同济大学建筑与城市规划学院建筑系　　指导老师：左琰　　学生：蒋若薇 吴佶

概念生成 方案演进 2

光之恋 Into night Into light
主题酒店设计 Boutique Hotel Interior Design

学生：08级建筑学 蒋若薇 吴佶
指导教师：左琰
2013届CHD "室内设计6+1" 校企联合毕业设计

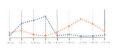

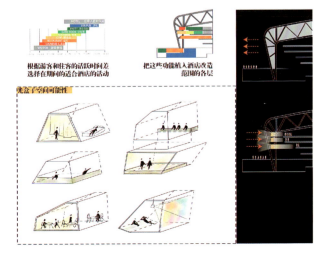
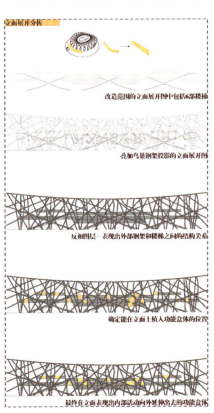

学校：同济大学建筑与城市规划学院建筑系　　　指导老师：左琰　　　学生：蒋若薇　吴佶

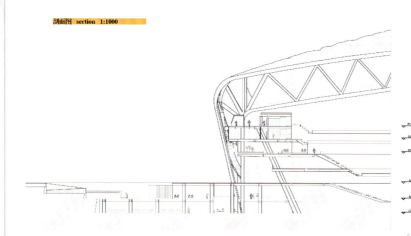

剖面图 section 1:1000

方案深化 技术图纸 3

光之恋 Into night Into light
主题酒店设计 Boutique Hotel Interior Design

学生：08级建筑学 蒋若薇 吴佶
指导教师：左琰
2013届CIID"室内设计6+1"校企联合毕业设计

零层夹层平面 0 floor plan 1:1000

① 光之稻田装置
② 绿地
③ 酒吧
④ 入口庭院
⑤ 酒店大堂
⑥ 咖啡吧
⑦ 辅助空间
⑧ 通高庭院

中国环境设计学年奖

室内设计 | 最佳设计奖——银奖

学校：江南大学设计学院环境设计与建筑学系　　指导老师：宣炜　孙立新　林瑛　　学生：王凯

学校：江南大学设计学院环境设计与建筑学系　　指导老师：宣炜　孙立新　林瑛　　学生：王凯

中国环境设计学年奖

最佳设计奖——银奖

室内设计

学校：广州美术学院继续教育学院环境艺术设计　　指导老师：李泰山　　学生：陈华庆

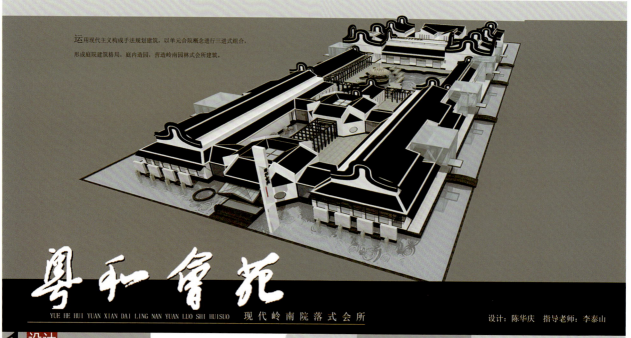

运用现代主义构成手法规划建筑，以单元合院概念进行三进式组合，形成庭院建筑格局，庭内造园，营造岭南园林式会所建筑。

粤和会苑
YUE HE HUI YUAN XIAN DAI LING NAN YUAN LUO SHI HUISUO
现代岭南院落式会所

设计：陈华庆　　指导老师：李泰山

1 设计起因 CONCEPT DEEPING

粤与和：粤，百越之地，即今广东和广西等地；和，和谐、协调。

作品中借助【粤和】表达一种植根于岭南本土的、根深蒂固的现代岭南文化情结，有传承和发扬、求新、融入现代的可能性。我们曾抽时间对珠三角的岭南古民居、古园林作了较广泛深入的资料搜集，踏着青石板铺贴的道路，望着墙上斑驳的印迹，望着昔日的飞檐门拱，望着古树深巷、小桥流水，仿佛穿梭回到几百年前。看见人来人往的过去、灯火阑珊，看见过去的悲欢离合，爱恨情仇在古建筑里一幕幕的交替上演与发生，这是留给在陈年历史中的岭南文化印记。一切从这里衍生出——【粤和会苑】

■ 设计背景

随着社会的发展人们对生活环境的要求越来越高，他们不再只满足于吃饱、有栖身之所，更希望得到精神上的享受，从而满足更丰富、更深层次的心理需求。而本案的会所空间更应该是一个承载人们艺术文化心理需求的殿堂，因此我们就以高精神享受为设计的出发点，对会所空间进行一系列的探索，并将其命名为"粤和会苑"——现代岭南院落式会所。

■ 文化背景

和，在中国古代，儒家思想中"和"即"合"的谐音，是我国传统文化的主导意识，它强调多元的和谐、异质的协调与对立的消解，是一种人人相和、物我两忘、天人合一的圆融完美与生生不已的境界。"和"是处理人际关系及一切事务最佳准则、追求人与人、人与自然、人与自身的动态和谐是我国传统文化、民族心理和社会生活的重要特征，心理和谐是心理以及直接影响心理的各要素之间的协统一。本案作为一个社交养生空间场所的内涵所在，因而在本案设计中，从建筑开展，以中国书法"和"字的挂象元素作为建筑的思维表达并介入空间。并以岭南园林岭南民居及疏式建筑格局作为平面规划构图的源点，同时以中国古代儒家思想"和"即"和谐"的伦理关系作为本案的思想内涵，让整个会所空间以深厚的中国文化为背景。

在世界文化大一统的时代背景下，如何既能保持传统文化的地域特色，同时又能同城市重生，这便是本案所要试图探索的主题精神所在。

2 地理环境 GEOGRAPHIC ENVIRONMENT

■ 地理概况
项目选址：广州珠江新城一猎德村内珠江公园的劳动。
珠江新城是广州现直的城市中心，市政府和许多大企业都在这里设置办公室。

■ 周边环境：省博物馆、广州歌剧院、猎德村、海心沙。

■ 项目类型分析
一、项目含义分析
会所原来是最私人，意思是不凡人士聚会的场所，文化起源于英国，由于时代的变迁，服务人群由原来的楼中堂主转变为社会精英人士，由早期的继承物的馆堂空间慢慢演变成人私人接待宴资或或成商业运营而再度轨定性，是为特定人群开放的最佳空间。
二、项目类型
会所定位高端，属于现代时尚文化主题的高级养生会所，针对的目标客户主要是高收入社会精英人士。为民提供商务、餐饮、养生等功能。会所从设计、选地理理、服务设施等各个方面要包含其它会之高端。由于地处广州珠江新城，因而在设计风格选定与目地，采用现代岭南院落式风格。

■ 地理环境因素优劣对比分析
珠江公园绿化带与海心沙市民广场、珠江新城中心绿轴连成一条中轴线，是城市中心区的一个连续的公共休闲绿带，多项通风渠交错，连绵有序，车辆繁笔直的穿梭设置得十分开阔，符合人流、车流的规划。
优势：1.有优良的环境、绿化环境以及艺术气息，项目建筑与交通整体和谐；
2.有良好的升华机，与公共绿化配套完善。
3.临近广州最有名的猎德涌村，猎德村是位于珠江三角洲地带，南临珠江，一河两岸惊色各色，猎德桥地北的岭周城之间，气候温和，雨量充足，猎德地理位置得天独厚，水网交错，土地肥沃，有90多年的分社发历史，区域内古老的今仍保留着大量具有鲜明本地特色的古民居、古祠堂、古树木等，承载着最后区域性民俗文化和建筑文化，折本迁拆的撤除的龙舟文化。现存具有历史感、但保留也岭南古村特别有的文化气息。
劣势：没有独特的历史背景，不能突出建筑亮点，单一性的纵向模式无味，缺乏扩张性。

学校：广州美术学院继续教育学院环境艺术设计　　指导老师：李泰山　　学生：陈华庆

建筑外观图： 体现了以中国传统儒家思想"和"的概念结合岭南传统民居建筑特色，尤其是"广府建筑"的形式和元素，以现代构成主义的设计手法营造具有当代岭南建筑艺术和精神内涵的现代岭南建筑。

3 设计定位 DESIGN POSITIONING

- **■ 设计主题**
  粤和会苑——现代岭南风格会所，以"和"字为主题与岭南文化相结合，中国传统文化中的"和"是我国传统文化的主导意识，它强调多元的、和谐的、异生的与协调的。

- **■ 设计风格**
  运用岭南古园林、传统民居建筑及传统文化相结合，在庭院建筑与室内中加以统一提炼。保留了岭南建筑原有的特征内涵，以全新的设计理念，全新的技术、全新的设计手法重新演绎出后现代岭南建筑空间意境打造一种简洁、清幽、高雅、富有文化意境的空间效果，显示古今文化的完美融合。

- **■ 设计元素**
  以岭南园林及建筑构件为主要元素，如满洲窗格、圆门洞、门罩、石狮、抱鼓石等。

- **■ 功能性质**
  院落式会所空间，结合周围环境，关注人性和消费者生理、心理需求，为其提供一个开放\自由\个性\富有意境的园林会所空间。

- **■ 消费定位**
  结合周围的环境和空间需求定位为高端消费层：适应人群——企业家、高级商务白领、艺术家、华侨、外籍人士等等。

4 设计思想 DESIGN THOUGHT

- **■ 提取结合——打造个性特色建筑空间**
  一、平面设计：提取传统生活意念"和"结合四合院的格局为平面设计的基本单元元素，对建筑基本元素进行有序的组合。
  二、建筑设计：提取传统文化意念"和"结合岭南建筑元素为建筑竖向空间创作的依据，运用现代建筑设计手法\技术\材料打造当代具有现代岭南特色的个性建筑。

- **■ 融合延续——强化主题注入地域文化**
  一、水：珠江流域是中华民族文明发祥地之一。平面规划中引入珠江水的概念，延续水的地域精神和价值，强调城市印象。
  二、岭南建筑特点：延续与融合建筑功能上隔热、遮阳、通风的特点，外立面浅色、深灰色，开放性空间的充分安排，让人们从封闭的室内环境中走向自然，形成岭南建筑装饰空间的自由、流畅、开敞的特点。
  三、运用现代设计风格手法诠释传统文化中"和"的理念，打造一种简洁、清幽、高雅、富有文化意境的空间效果，显示古今文化的完美融合。
  四、根据复合式院落格局，结合功能流程安排及经营合理性安排分别设定了六大主题项目：书画展厅、水疗SPA、茶艺馆、酒吧、咖啡厅、中餐包房及一个大宴会厅分别体现【粤】·【和】的主题思想；结合主题和空间规划了三个院落式园林，传达文人情趣的诗意空间，以提升和强化整体空间文化氛围。

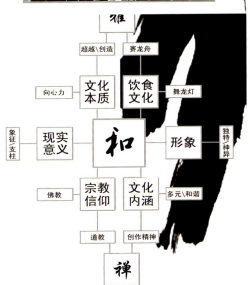

学校：广州美术学院继续教育学院环境艺术设计　　指导老师：李泰山　　学生：陈华庆

云山禅意

粉墙、黛瓦、云天、水石、苍树、步町、连廊、石狮、锅耳墙共同构筑禅意的现代岭南画卷……

5. 概念深化 Concept Deeping

- 平面形态的构成和解析
- 立面形态的构成和解析

■ 屋顶
材料：深灰色瓦片 白色外墙涂料

■ 大厅外立面
材料：深灰色瓦片、玻璃、白色外墙涂料

6. 平面布图 PLAN

功能区域分布
1 接待大厅　4 云山茶事　7 畅饮酒吧
2 艺术展厅　5 水厅大堂　8 咖啡吧
3 内庭院　　6 粤苑餐厅　9 餐厅包房

空间序列：铺垫　开始　过渡　核心　收尾

形态特色分析

取岭南传统建筑白墙黛瓦其形 塑其意境

压低的平行线 与平行线形成对比
主体建筑外形 压低的平行线
取岭南传统建筑白墙黛瓦其形 塑其意境
压低的平行线

通过比较传统南北园林获知 **地域性特征**

北				
富丽	较大	厚重	外向对称性	
色彩	尺度	体量感官	布局	比较
淡雅	较小	轻盈	灵活非对称	
南				

保留，局部冲突 / 保留，考量 / 用结构的解释手法，几何的 / 吸收优点，夸张

白墙黛瓦，浓淡相宜 / 底层建筑与粤和会苑建筑环境相容 / 取飞檐翘角之形塑轻巧灵动之意 / 因地制宜，合理布局

点评：岭南院落式"粤和会苑"会所平面空间创意借"和"字作象形元素，展现会所功能系统及岭南"和谐包容"之文化内涵。设计师从岭南传统园林与民居建筑中提炼出满洲窗、门罩、石狮、青砖与灰瓦等元素，结合当代混凝土、钢材、玻璃等材料，以解构设计理念及形态手法演绎出对岭南空间传统文化的传承与创新。

学校：仲恺农业工程学院何香凝艺术设计学院　　指导老师：曹武　　学生：王镜皓

潮字号 酒店空间方案设计

"潮字号"酒店地处汕头市最幽美的海边胜地，酒店矗立在风景秀丽的莱芜码头海岸，酒店以潮汕传统建筑的风格出发，演绎全新的四点金建筑形态，整体建筑气势恢宏壮观，是一家集美食、品茶、旅游于一体的涉外豪华酒店，酒店建筑面积近6千平方米，是汕头目前规模最大，建筑形态最新的四点金建筑，也是地域性特点最突出的酒店。

品牌形象解析
Brand Image design Analytical

潮汕 cháo shàn

潮汐 cháo xī

潮流 cháo liú

中国环境设计学年奖　最佳设计奖——银奖　室内设计

173

学校：仲恺农业工程学院何香凝艺术设计学院　　指导老师：曹武　　学生：王镜皓

"听香"功夫茶室，
体现了潮汕文化特色的休闲空间，在这里，依山傍水，听一曲古筝，品一味茶香，感受潮汕文化，无乐不哉。

"莫问"潮汕菜餐厅，
用味道留住到往的旅客，不用问其味道，吃了就知道了。

学校：仲恺农业工程学院何香凝艺术设计学院　　指导老师：曹武　　学生：王镜皓

建筑外观秉承潮汕地区建筑的特有风格，经过一系列的推敲，酒店体现的是以四点金为基础，重组再结合的新形式。整体设计风格采用新中式的手法，结合潮汕地区所具有的人文特色，大胆创新，强调地域文化在空间中的体现，以文化的多元性来创造空间的个性文化特征，借鉴传统建筑和风土人情的元素，整体空间采用黑白为主色调，伴以孔雀蓝点缀，整体空间低调内敛，大气中也不失几分活跃，营造出低调却不失品位，内敛而又大方的酒店空间，为入驻的旅客提供最优质的服务。

SPA区

酒店客房

点评：该酒店设计方案以潮汕文化为背景，将本土文化元素与现代设计理念相结合，体现出潮汕人的务实、勤奋、沉着的性格特征。本设计方案大气、沉稳、完整、主题鲜明。设计平面布局合理，功能分布较科学，材质运用到位，空间界面处理较大气又不失变化。很好地体现了设计者将潮汕传统文化元素与现代设计理念相结合的独特把握能力。

学校：福建农林大学艺术学院艺术设计系　　指导老师：陈顺和　　学生：洪琨鹏

偶遇青绿山水——"云水谣"茶会所概念性设计

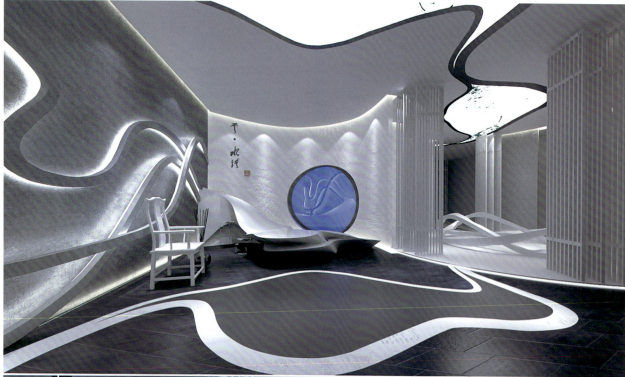

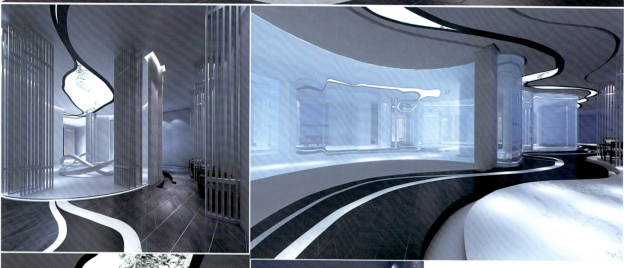

1、前台；
2、茶文化展示区角度一；
3、过道；
4、茶文化展示区角度二；
5、茶道、香道。

偶遇青绿山水——"云水谣"茶会所概念性设计

学校：西安建筑科技大学艺术学院　　指导老师：刘晓军　田晓　杨豪中　　学生：吴颖　龚芷菲　郑爽

赛后商事——
国家体育场赛后改造室内设计

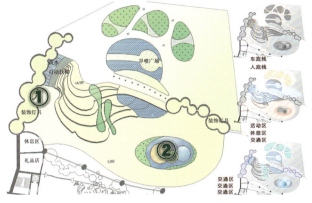

02

专属景观

融合了中国特色的酒店专属景观，
同时结合了现代科技，
考虑了白天和夜晚不同的需求，
最大程度服务于宾客。

酒店大堂

作为最具可塑性的酒店大堂抓紧了"灯笼"这一元素创造出了兼具艺术性和实用性的多变空间带给人不同以往的感受

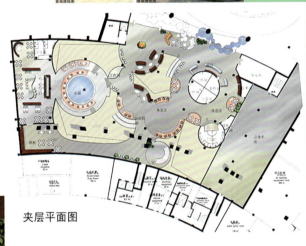

夹层平面图

前厅1效果图　前厅2效果图

零层平面图

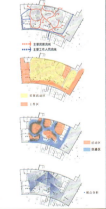

西安建筑科技大学　艺术设计专业　2009级毕业设计　小组成员：吴颖　郑爽　龚芷菲　指导老师：刘晓军　田晓

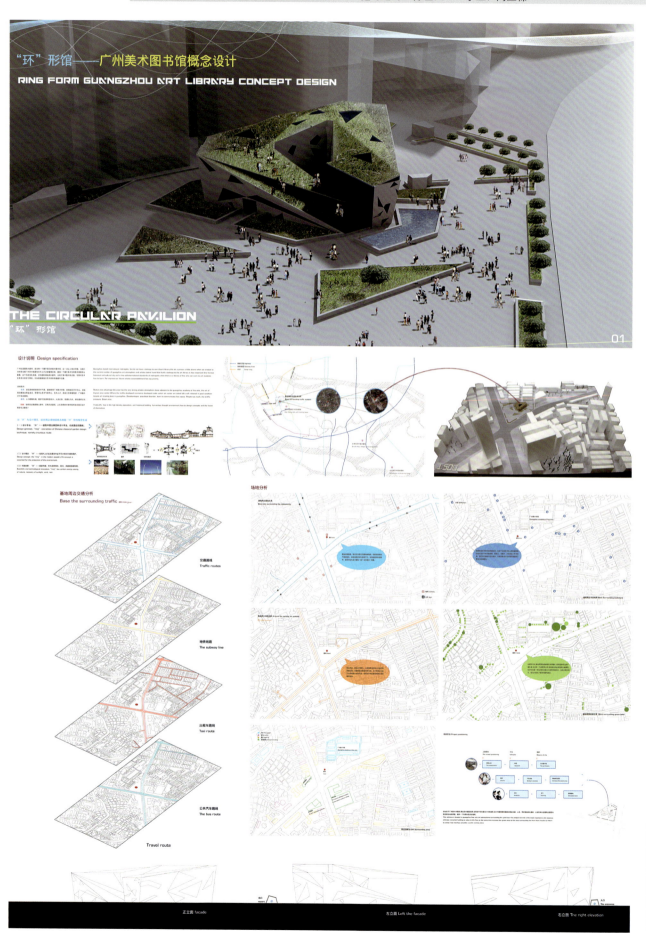

Fold&Line
折·线
— 会所创意空间设计

CREATIVE SPACIAL DESIGN FROM CIUB

■ 设计定位及理念
- 会所位于高品质小区，为人们提供展示、餐饮、健身等功能
- 在二维和三维空间改变或重构物体线形结构来获得设计要素
- 具空间、物体简单化或复杂化来达到设计效果
- 折线是入每个物体、空间方面明确
- 错动光影的折线使空间更协调

■ The Orientation and Idea of the Fold & Line Design
- The club is located in a high-end residential, providing people exhibition, catering, fitness and so on.
- Alter or reconstruct the structure of the object line in the two-dimensional and three-dimensional space to obtain the requirements of the design.
- Simplify or complicate the objects/objects in order to achieve the design effects.
- Make the folds and lines perfect for each object and the space program clear.
- Make the space more coordinating with the fold and line of lights and shadows.

学校：广州美术学院教育学院展示设计系　　指导老师：童小明　黄锐刚　　学生：蔡宇翔

GROWING
江博士健康鞋旗舰店
Dr.Kong health shoes store

1 Project overview
项目概况

Brand introduction
品牌介绍

Dr Kong 是香港一个以"呵护足部健康"为宗旨的儿童鞋履品牌，创立于1999年。该品牌通过了解不同年龄层对足部护理的不同需求，首创Check & Fit验脚配垫服务，力求为每一位儿童提供健康舒适的鞋履。其品牌宣言是：

"把足脊健康带进每一个家"

About the location
项目位置

该项目位于香港海港城购物中心

1

Brand positioning
品牌定位

针对0—16岁的青少年儿童

2

1 坐落位置　　About the location
2 系列产品区　Series product zone

学校：吉林大学艺术学院环境艺术系　　指导老师：孟祥洋　　学生：董泽宏

门面透视图

咖啡．饮吧

这是一个在大型商场内的"咖啡.饮吧"实际工程的设计方案。方案以功能、时尚、经济为主线，在服务于商场各个品牌店老板生意交流、品味追求者和朋友们小聚、前来商场购物的顾客休息小坐及购买冷饮等业主及顾客需求上，创造出一个供休闲、愉悦有品味的服务场所。对内提供咖啡服务，对外提供冷饮服务，并提供散座以便路人休息，聚在门面之前，增强功能空间的信息定位。线性的门面造型与装饰风格，实现了吸引顾客、突出主题和审美价值的最大化。

创意路径　　　　　　　　　　　　　　　　　商场内咖啡.饮吧区位及门前交通分析

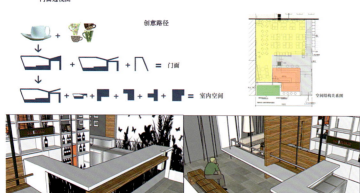

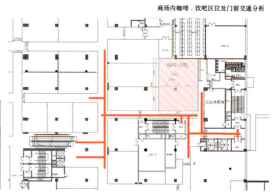

咖啡.饮吧门面透视图

景观设计（高职高专）

二佛寺·淶灘古鎮片區景觀規劃
TWO BUDDHIST TEMPLE. LAITAN Town Area Landscape Planning

項目 緣起

在經濟的快速發展的環境下，人們渴望追尋文化的根源。

古鎮當下受到各種形式的衝擊擠壓，對古鎮的保護規劃迫在眉睫。

當地居民、政府對地塊合理發展的訴求。

現狀 解讀

區位分析
重慶市合川區淶灘鎮位於合川東北37公里渠江西岸鷲峰山上，淶江環繞，景色秀美，景觀絕古鎮、古寨，是重慶市命名的"巴渝小十景"之一。全鎮幅員面積170.99平方公里，現轄19個村138個合作社，1個居委會，總人口4.06萬人。淶灘鎮中心位於東經106°19′25″，北緯30°03′35″，淶灘鎮名因渠江（古稱淶江）流經此地匯江中多險灘而得。

地形地貌
規劃區地形整體東高西低起伏明顯，最高點位於新區南側，高為344米，最低點為東側渠江邊，標高為200米，相對高差144米，古鎮以西新區用地較平緩，古鎮以東渠江西岸用地地形陡變，破損較大。

水文氣候
受東亞季風影響，氣候屬亞熱帶溫潤季風氣候，氣溫、降雨、日照和風力均有明顯季節性變化，其特點是春季回暖早，春旱較多，無霜期長，雲霧多，日照少，雨量豐富，濕度大，風力小，年均氣溫17℃，最高43℃，最低-1℃，年總降雨量1200－1450mm。

文化底蘊

淶灘•禪宗
全國最大的禪宗造像景點之一，有著西南禪宗第一寺的美譽，淶灘有著深厚的佛教禪宗文化，是西南地區重要的禪宗文化聚集點，同時也是這個千年古鎮曾經的輝煌。

淶灘•名茶
渠江薄片為當地名茶，有著悠久的生產歷史年代久，在有文獻的記載中，唐至五代十國時期，"渠江薄片茶"為十大貢品之一，自明朝洪武年間到明朝末年間，渠江薄片的貢茶歷史年長達近500年之久，成為當世留存的貢茶歷史最為悠久的名茶。

淶灘•風舟
合川地處嘉、涪、渠三江合之處，自古有射龍船的習俗，每逢農歷五月初五，城區及鬥口，小內，太和、銅梁、鹽井、宜窗等地的江沿岸鄉鎮都舉辦形式各異的賽龍活動。

淶灘•道教
道教是中國發展的幾千年來，形成了自己特有的文化，道教文化是其風貌，極其通俗，亦其中一部分已逐漸民間化，成為勞動群眾精神生活的組成部分。

經濟產業
淶灘鎮經濟以上以糧食、蔬菜、水果、漁業為主，近年來農業生產和農村工副業有較大發展，近幾年工業產值增加50%左右通過，實現地區生產總值29333萬元，年均增8.11%（其中：一產業3227萬元，二產業8800萬元，三產業17306萬元），三次產業結構比11：30：59；社會消費品零售總額10701萬元，年均增14%。

？問題

1、如何避免盲目追求眼前利益，導致千城一面的破壞性建設？實現文化遺產地區的保護和發展。

2、淶灘碼頭的衰落，古鎮傳統中水陸交通類紐地位瓦解，致使古鎮經濟的長期不振，居民生活水平的質量不高，社會生活的長期落伍，如何使得古鎮保護與當地社會經濟相互支撐，激活古鎮。

3、古鎮傳統建築年久失修，公共設施嚴重不足，居住環境差，如何實現建築、公共設施的合理更新？實現環境品質提升。

4、當下已經不具備使用傳統建築材料的便利條件，著眼發展，嘗試使用新的建築技術和材料，實現傳統文化的內涵延展，探索傳統文化載體的新形式。

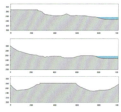

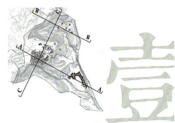

壹

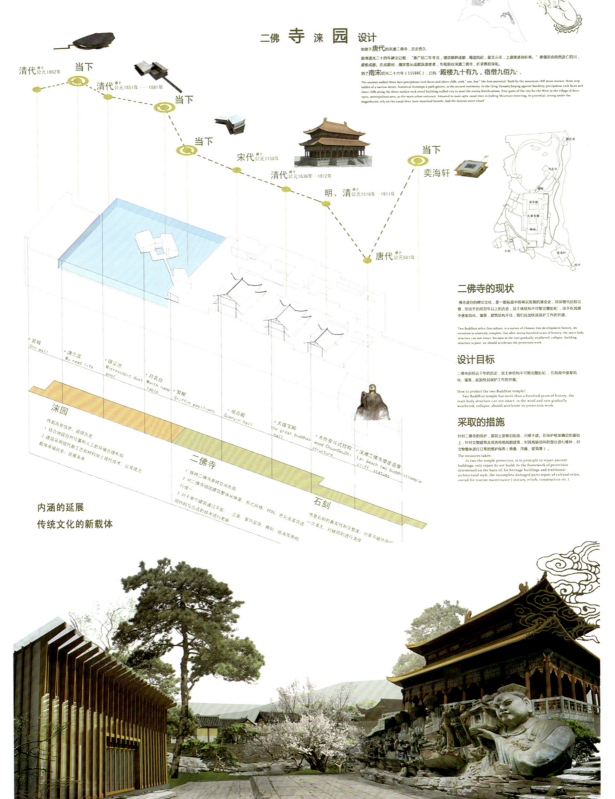

学校：重庆工商职业学院传媒艺术学院　　指导老师：陈一颖　刘更　徐江　　学生：王思宇　王洋　刘运军　彭杨　杨小维　白雪

二佛寺·涞滩古镇 片区景观规划
TWO BUDDHIST TEMPLE. LAITAN Town Area Landscape Planning

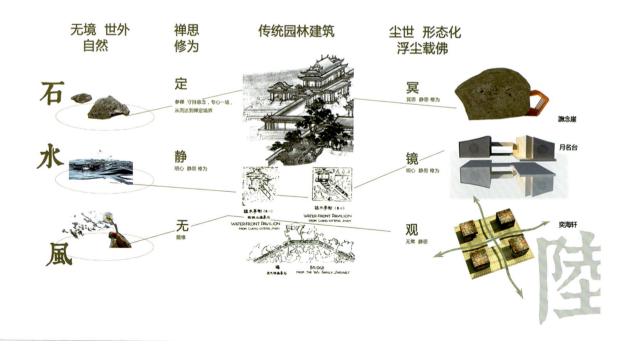

学校：重庆工商职业学院传媒艺术学院　　指导老师：陈中杰　刘更　陈倬豪　　学生：陈阳　田林技　官俊雯　吴晓舒　姜雯琦

宁厂古镇空间规划与更新
ningchang factory AREA OF SPACE AND DESIGN

缘起： 偏远地区历史空间的保护与更新一直得不到社会有效的重视，相关研究同样还较为落后，特别是在欠发达地区表现得更为明显，而宁厂古镇正是这种表现的典型，"空壳"现象表现突出。正是基于保护的态度，我们试图寻找一种适合古镇历史文化与空间价值显现与延续的策略与手法。

Origin: the protection and renewal of the historical space of the remote areas have never been given the attention of the community, the research also lagging behind, especially in the less developed regions is more obvious, Ning factory town is typical of this performance, "shell" phenomenon outstanding. It is based on the attitude of protection, we are trying to find a suitable town historical and cultural space value appeared with the continuation of strategy and tactics.

开发理念： 为具有特色及价值的山地城镇空间提供可持续的发展框架和循序渐进的开发策略，创造具有生机和活力的历史文化体验空间和旅游休闲场所。

-- development philosophy: the characteristics of the Three Gorges town sustainable development framework and the gradual development strategy, to create with vigor and vitality of the historical and cultural experience space and recreation places.

保护理念： 延续并发扬宁厂古镇的传统空间美感，扩大宁厂古镇整体历史环境与生态环境的保护范围。同时，保护宁厂古镇不是保护落后，也不是僵化历史，而是激活历史记忆，活化历史，延续传统文脉。

-- protection concept: continuity with Yang town traditional space aesthetic feeling, expand town overall historical environment and ecological environment protection.At the same time, to protect the town is not behind the protection is not rigid, but activation of history, historical memory, activation history, continuation of traditional culture.

发展理念： 全方位、多角度思考问题，寻求本地区在功能、服务、经济、文化、社会及自然环境条件上的持续改善

-- development concept: all-round, multi-angle thinking, seek local area in function, service, economic, cultural, social and natural environment of continuous improvement

目录

1. 现状篇
1.1 概况
1.2 文化解读
1.3 景观解读
1.4 旅游解读

2. 探究篇
2.1 山水格局
2.2 街巷
2.3 建筑
2.4 景观

3. 规划篇
3.1 规划目标
3.2 总体策略与手法
3.3 规划原则

4. 盐业遗址公园组团

5. 衡家涧组团
5.1 衡家涧之规划
5.2 衡家涧之山地酒店设计
5.3 衡家涧之家庭客栈设计
5.4 衡家涧之建筑

6. 接待中心组团

小组成员：陈　阳、田林技、官俊雯
　　　　　吴晓舒、官宦贤、姜雯琦
指导教师：徐江、刘更、陈中杰、陈一颖

比例 1:1000

学校：广东轻工职业技术学院/艺术设计学院　　指导老师：黄帼虹　　学生：谢平　李丽珍

广东轻工职业技术学院
作者：谢平　李丽珍　指导老师：黄帼虹

城市交通廊道雨水处理装置设计　**城市·雨"生活"**

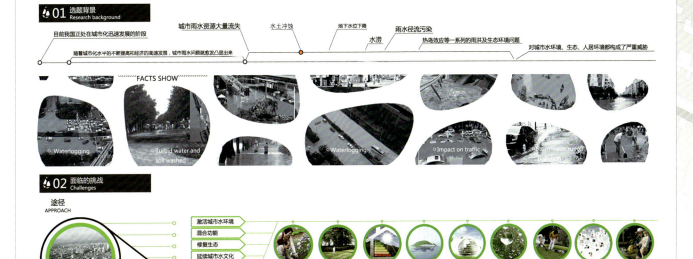

01 选题背景 Research background

目前我国正处在城市化迅速发展的阶段 — 城市雨水资源大量流失 — 水土冲蚀 — 地下水位下降 — 雨水径流污染

随着城市化水平的不断提高和经济的高速发展，城市雨水问题就愈发凸显出来 — 水涝 — 热岛效应等一系列的雨洪及生态环境问题 — 对城市水环境、生态、人居环境都构成了严重威胁

FACTS SHOW
Waterlogging | Turbid water and soil washed | Waterlogging | Impact on traffic | Stormwater runoff pollution

02 面临的挑战 Challenges

途径 APPROACH

- 激活城市水环境
- 混合功能
- 修复生态
- 延续城市水文化
- 可持续的城市效益

城市与城市水环境
CITIES AND URBAN WATER ENVIRONMENT

需求 DEMAND

环境意识 ENVIRONMENTAL AWARENESS | 微气候调节 MICRO-CLIMATE REGULATION | 空气质量 AIR QUALITY | 水体质量 WATER QUALITY | 节能 ENERGY | 节水 WATER | 近人尺度 NEIGHBOR SCALES | 社交生活 SOCIAL LIFE | 公共娱乐 PUBLIC RECREATION

03 设计构想 Design Concept

当雨水汇集在人口密集的城市，带来各种各样的影响。

积极影响
1. 雨，是地球不可缺少的一部分，是几乎所有的远离河流的陆生植物补给淡水的唯一方法。
2. 雨可以灌溉农作物，利于植树造林。
3. 雨能够减少空气中的灰尘，能够降低气温。
4. 下雨利于水库蓄水，可以补充地下水，可以补充河流水量，利于发电和航运。
5. 下雨了可以隔绝嘈杂的世界营造安宁的环境，可以催眠，可以冲刷街道。
6. 雨能冲走地面垃圾，稀释有毒物质，净化环境。
7. 雨可以净化空气，雨过天晴心情爽朗。

消极影响
1. 雨下多了会影响植物生长，能抑制植物的呼吸作用，甚至死亡。
2. 雷阵雨来时，往往会出现狂风大作、雷雨交加的天气现象，损坏建筑物和公共设施。
3. 持续的雨天影响人的情绪，使人烦闷、压抑。
4. 下雨下多了会导致交通堵塞，引发山体滑坡、泥石流等自然灾害。
5. 引起路面打滑，从而造成车祸。
6. 雨会把土壤中的有毒物质带入地下水，从而污染地下水。

? 我们需要做一个思考并尝试得出解决方案

正面对待消极因素的影响发扬有利因素的影响

Thinking

生态水网体系达成，改善市水环境，带来生效益。

- 运动方向
- 雨水处理装置
- 传输点
- 水的连接
- 城市公共绿地

城市最复杂的网络形成链接，城市交通网络是连接各个城市空间的枢纽。我们将以城市繁忙的交通作为切入点，进行景观规划设计进一步借助原场地涵构分析进行构思，用节点连接渗透的方式，遵循可持续雨洪管理原理，集成雨水收集和雨水处理和再生利用的生态水网体系，连通城市内核水系以及绿道，提供部分水源补给。

城市的发展和扩大，需要足够多的绿化和渗透来维持生存空间的生态平衡。

站在城市人口发展、城市生态环境和土地文化的延续和发展的角度，我们试图探索一种可持续的生态雨水收集处理装置，最大程度的收利用雨水，并以繁忙的交通为切入点，与城市网格相结合；意图提供一种在城市交通网络中创建可持续的生态景观设计方式，包括雨水收集和处理和利用；力图建立位于城市交通干道上具有流动性、趣味性、启发性和雨水生态景观相结合的空间环境，并联接城市网格，渗透到人工湿地和河流中，进一步完善城市雨洪管理系统。通过这种生态景观廊道最终建立城市湿润微环境。并利用雨水渗透、净化、凝华和升华的演变及不断变化的形态展示带来不同的感官体验，营造诗意的环境，使人们得以启发，提高对水资源的保护、珍惜的意识。

Methods and procedures

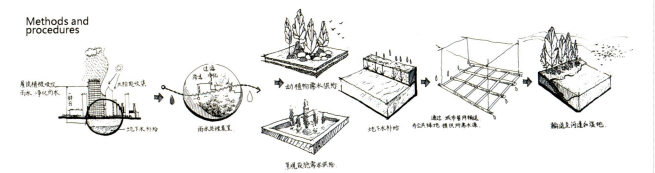

CITY.WATER.LIIFE BYS STOP BAY LANDSCAPE DESIGN　**01**

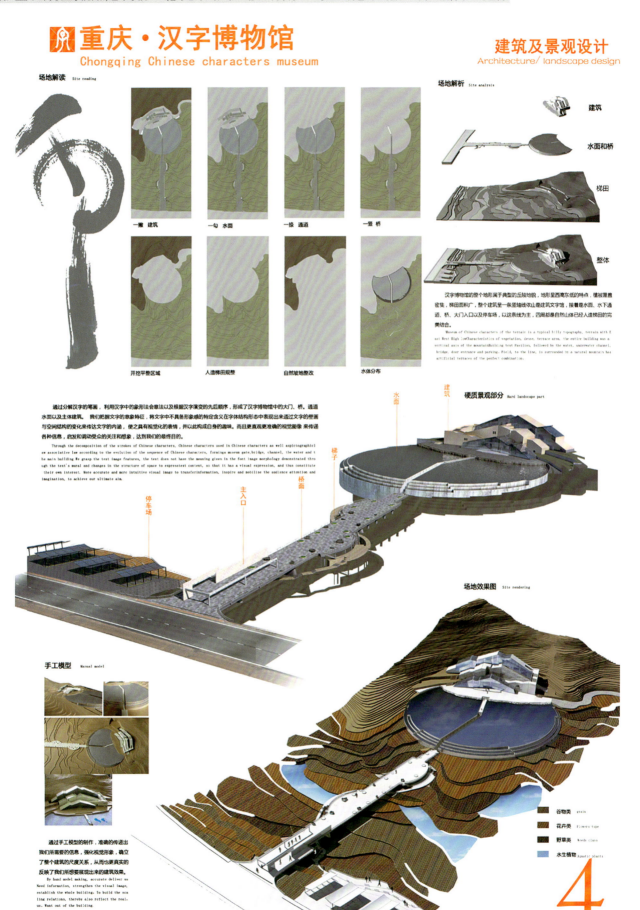

学校：重庆工商职业学院传媒艺术学院　　指导老师：张琦　刘更　何跃东　　学生：肖曾玲　翁莉　刘维　魏祥华　邹雪梅

重庆·汉字博物馆
Chongqing Chinese characters museum

建筑及景观设计
Architecture/landscape design

场地剖面分析
Site profile analysis

水面 surface

水池形态与建筑文字馆的结合相得益彰，通过动与静、曲与直的对比，又赋予实体以活力，水面上形成的倒影随着水波的动荡变化形成一种动态美，这种美总是伴随着它的实体而产生，是实体的"第二个自我"。所谓的"形影不离"，很好地形容了实景与倒影之间的关系。

Pool form and architectural text museum combination bring out the best in each other, through the dynamic anstatic, curve and straight c ontrast, and gives the entity with vigor. The water formed on reflection as water wave of unrest change form a dynamic beauty, the beauty i s always accompanied by its entity and produce, is the entity of "the second self". The so-called "shadow", well describe the relationship between real and reflection

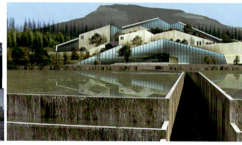

通道 channel

在与水面入口的通道中，大量运用了山洞文字，二者的结合是使整条道路的感觉就像是回到了远古时代，何为历史？有文字记载以来，就称为"史前"，文字出现，标志人类由野蛮时代迈入文明时期。山洞文字，不是具体的文字，而是具有文字特点的符号所以这条通道给人的感觉就是是蕴藏着深的历史文化底蕴。

With the water inlet channel, a large number of applying the cave, the combination of two words is to make the whole road...

桥面 floor

在桥面上采用了和文字博物馆一样的汉字分解笔画结构，设计中把文字、图形、色彩等一切可以发挥视觉传达作用的符号，以点、线、面的趣味化的变化方式组合成为最有效的视觉传播形式，整个风格都具有独特的表现形式。

In the floor USES and words as the museum of the Chinese character decomposition stroke structure, the d esignof the text, graphics, color and so on all can play the role of visual symbols to the point, line, and the change.

大门 gate

上古无文字，结绳以记事。在文字馆的大门入口处采用了结绳的方式，这切合文字馆的主题以及体现了汉字的演变历程。多用框架结构，以及结绳的方式，不仅可以在视觉上造成一种美感，游客们还可以自己动手去结绳，体验古人结绳的感受，能和游客形成一个很好的互动方式。这也达到了我们想要的目的。

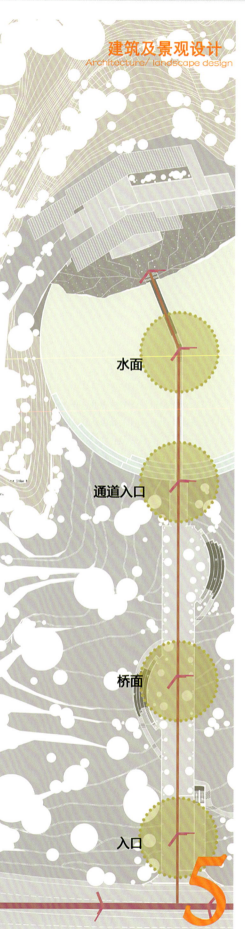

水面

通道入口

桥面

入口

学校：重庆工商职业学院传媒艺术学院　指导老师：徐江　陈中杰　赵娜　学生：朱先跃　叶红　舒宗川　张娟　杨黎　杨雪

重振 巫溪县旧城伏鳞山片区城市设计
Revive_WuXiXian old city v scale mountain area urban design

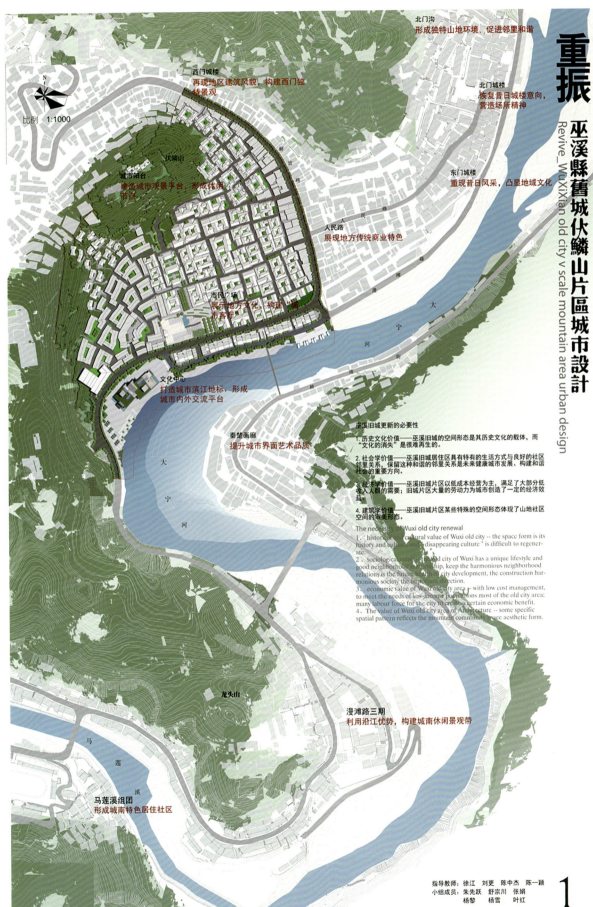

巫溪旧城更新的必要性

1. 历史文化价值——巫溪旧城的空间形态是其历史文化的载体，而"文化的消失"是很难再生的。

2. 社会学价值——巫溪旧城居住区具有特有的生活方式与良好的社区邻里关系，保留这种和谐的邻里关系是未来健康城市发展、构建和谐社会的重要方向。

3. 经济学价值——巫溪旧城片区以低成本经营为主，满足了大部分低收入人群的需要，旧城片区大量的劳动力为城市创造了一定的经济效益。

4. 建筑学价值——巫溪旧城片区某些特殊的空间形态体现了山地社区空间的审美形态。

The necessity of Wuxi old city renewal
1, historical and cultural value of Wuxi old city -- the space form is its history and cultural, "disappearing culture " is difficult to regenerate.
2, sociological value -- the old city of Wuxi has a unique lifestyle and good neighborhood relationship, keep the harmonious neighborhood relations is the future of the city development, the construction harmonious society the important direction.
3, economic value of Wuxi old city area -- with low cost management, to meet the needs of low-income populations most of the old city area; many labour force for the city to create a certain economic benefit.
4, The value of Wuxi old city area of Architecture -- some specific spatial pattern reflects the mountain community space aesthetic form.

指导教师：徐江　刘更　陈中杰　陈一颖
小组成员：朱先跃　舒宗川　张娟　杨黎　杨雪　叶红

学校：中国美术学院艺术设计职业技术学院　　指导老师：胡佳　　学生：朱晓慧　沈佳燕　陈雅思　王晓娜　林欣欣　储西路

回，乃转也——惠山古镇历史街区规划改造方案
惠山古镇历史街区改造规划

区域位置

本项目位于无锡市北塘区惠山脚下东侧、古运河西侧，西南侧紧邻惠山古镇历史文化街区核心。

惠山古镇历史悠久，古迹众多，文化底蕴丰厚。惠山古镇位于京杭大运河无锡段北岸距南城西五里，地处惠山之麓，惠山海拔328.98米，北纬31°34′。古镇位于惠山之下的文化底蕴丰富大运河支流惠山浜直达古镇腹地，两岸历史文物荟萃、人文荟萃，又是无锡地名的发源地"无锡锡山"。无锡史前文化距今已4000余年，有锡山先民施墩遗址。

山古镇历史文化的露天博物馆。上自新石器时代、下至近现代，是一并有国家、省级和市级文物保护单位25处。惠山古镇代表的30多处历代祠堂建筑和重要遗迹，汇集自唐代至民国时期的180个历史名人，其数量之多，密度之高，类别之全，为国内所罕见。为加强社会各界的极大关注和参与兴趣或今后拓、为加以胜迹边边，寻根文化体验互动与一览感。理了解中华民族优秀传统文化丰富内涵之源，使用先河道德哲理。

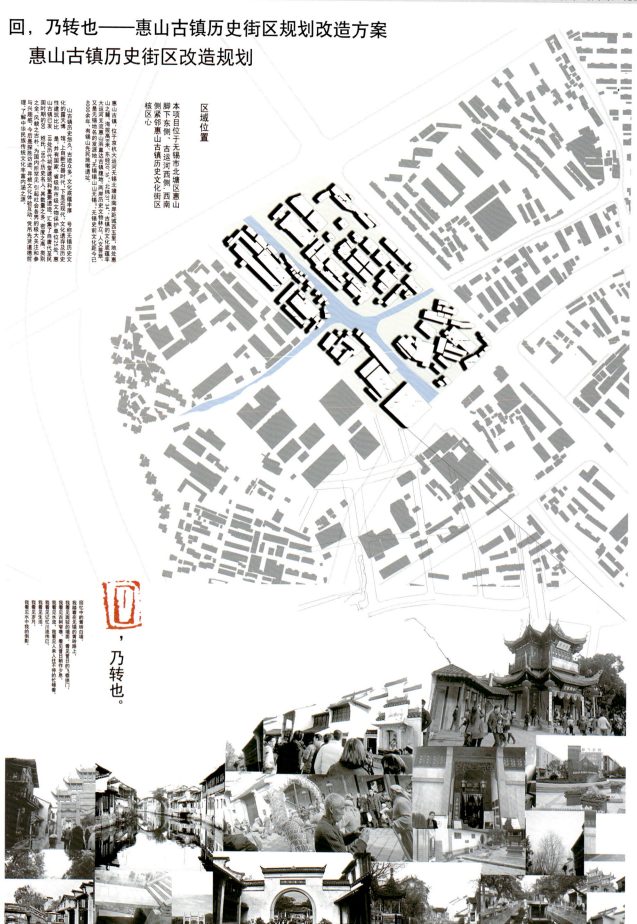

回，乃转也。

回忆中的青砖白墙，
我踱着在无福的青砖路上。
我看见现锁的面画，看见昔日的飞檐。
我看见古树穿梭。看见人来人往不停的忙碌着。
我看见水流。我看见忆川流作已。
我看见生活。
我看见岁月。
我看见水中我的倒影。

室内设计（高职高专）

学校：顺德职业技术学院设计学院　指导老师：周峻岭　学生：罗月明　曾运金　罗惠明　卢婉婷　李湘莲　陈广佑　郑丕显　高嘉琪　黄紫萍　庞宝春

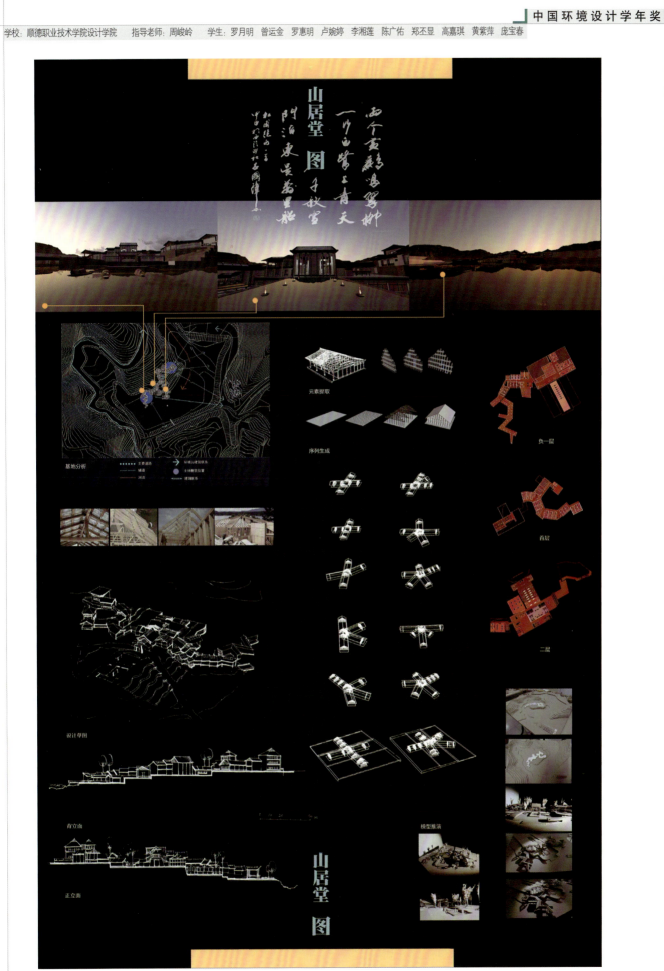

学校：顺德职业技术学院设计学院　　指导老师：周峻岭　　学生：罗月明　曾运金　罗惠明　卢婉婷　李湘莲　陈广佑　郑丕显　高嘉琪　黄紫萍　庞宝春

学校：广东轻工职业技术学院/艺术设计学院　　指导老师：赵飞乐　尹铂　尹杨坚　　学生：辜冠勋　杨显文　林荣雨

清莹·碧绿 SPA养生休闲会所设计方案

专业名称：环境艺术设计（展示设计）　　作者名称：林荣雨/辜冠勋/杨显文

指导老师：赵飞乐/尹杨坚/尹　铂

一. 选题原因：
Selected topic reason

养生，就是指通过各种方法颐养生命、增强体质、预防疾病，从而达到延年益寿的一种医事活动。所谓生，就是生命、生存、生长之意；所谓养，即保养、调养、补养之意。在经济发展丰衣足食的今天，人们t关心的不再是温饱问题，而是怎么健康、优雅的生活，如何养生越来越被关注，也催生了以养生为主题的休闲会所。

二. 设计分析：
Design and analysis

【清莹 碧绿】清澈明亮，晶莹如玉的湖水是万绿湖的底色，但一天当中又有多种变化；在清晨的阳光里它象铺上了一层黄金；在正午的艳阳下它沉静得如同一块巨大的翡翠；日落时它似一道长达数里的熊熊火焰；月夜中它又是一面晶莹无暇

三. 设计要素：
Design considerations

物质与精神兼备的会所消费俨然成为一种城市生活文化，而空间是会所文化的主要载体，会所的气质内涵、性格的彰显、氛围的营造都需要由它来体现。会所室内设计是集功能要求与精神需要为一体的综合产物，在设计上主要有这几点要素：实用性、艺术性、文化性及地域性。

(1) 地理位置：
The geographical position:
万绿湖卫浴广东省河源市东源县境内，距河源市区6公里，它作为华南地区最大的一新丰江水库，是一九五八年筹建新丰江电厂时，新丰江水库湖面积370平方公里，库容量139亿立方米，平均深度30～40米，最深达80～90米，最宽处12公里，碧波万顷，有"山中海洋"之称。四季皆绿，处处是绿二取名万绿湖。万绿湖距广州、深圳均在200公里以内，堪称是珠三角洲的"后花园"。

(2) 交通分析：
Traffic analysis:
河源市拥有广东省最长的铁路线（京九线和广梅汕线在龙川接轨），205国道贯穿全境，105国道和河汕公路分别在西北和东南部穿过，和会高速、河龙高速、粤赣高速也在建设中，省际、市际之间的交通将更加快捷。河源市距广州200公里、惠州98公里、深圳178公里，交通发达。该市是京九铁路进入广东后的第一市，广梅汕铁路、京九铁路会在河源境内并轨；205国道与105国道贯通河源全市；东江航运有直达广州黄埔港的船只。

(3) 气象气候：
Weather and climate:
河源市属于热带季风气候，年平均气温20℃～21℃，平均降雨量1881.8毫米，年平均相对温度77%。

(4) 景观绿化：
Landscape Greening:
河源万绿湖是华南最大的生态旅游名胜，因四季皆绿，处处因绿二得名。总面积1600平方公里，其中水域面积370平方公里，蓄水量约139.1亿m3，里面有360多个绿岛，森林大部分都是亚热带原始生常绿阔叶林，动植物种类资源丰富，生态环境优美。

(5) 地形地貌：
Landform：
湖中360多个绿岛，周围有320公里湖岸群山。万绿湖集"水域壮美、水质纯美、水色秀美"于一身，全国罕见。于云南的西双版纳、肇庆的鼎湖山齐名为地球北回归线上沙漠腰带的"东三奇"。

四. 选址分析：
Location analysis

清瑩·碧綠 SPA養生休閒會所設計方案

专业名称：环境艺术设计(展示设计)　作者名称：林荣雨/辜冠勋/杨显文

指导老师：赵飞乐/尹杨坚/尹　铂

学校：广东轻工职业技术学院/艺术设计学院　　指导老师：赵飞乐　尹铂　尹杨坚　　学生：辜冠勋　杨显文　林荣雨

五.空間功能動綫：
Use a line space function

功能动线：
- 交通动线
- 逃生动线
- 客人动线

二层人流动线图：
two people flow diagram
- 自助餐厅
- 总统套房
- 客房
- 包房
- 厨房
- 电梯厅
- 洗手间

首层人流动线图：
The first layer people flow diagram
- 大堂吧
- 大堂
- 洗手间
- 健身房
- 户外咖啡厅
- 更衣室
- 电梯厅

负一层夹层人流动线图：
Negative a layer of sandwich people flow diagram
- 休息区
- 电梯厅
- 洗手间

负一层人流动线图：
Negative a layer of people flow diagram
- 男温泉区
- 女温泉区
- 女更衣室
- 男更衣室
- 公共泳池
- 电梯厅

六.元素提取：
EXTRACTING elements

七.材料分析：
Material analysis

民俗文化 Folk culture

风土人情 Local conditions and customs

会所大堂吧 The clubhouse bar

会所客房 Club room

会所大堂 The clubhouse lobby

会所康体spa Club fitness spa

学校：广东轻工职业技术学院/艺术设计学院　　指导老师：赵飞乐　尹铂　尹杨坚　　学生：辜冠勋　杨显文　林荣雨

清莹·碧绿 SPA养生休闲会所设计方案

专业名称：环境艺术设计（展示设计）　作者名称：林荣雨/辜冠勋/杨显文
指导老师：赵飞乐/尹杨坚/尹　铂

大堂
The lobby

十. 空间效果图：
Space rendering

女温泉区
The hot spring area

客房走道
Guest room hallway

客房
Guest room

客房洗手间
Guest room toilet

沉睡的革命
黄花岗起义 纪念馆设计
HuangHuaGang uprising memorial design

学校：广东轻工职业技术学院/艺术设计学院　　指导老师：赵飞乐　尹铂　尹杨坚　　学生：颜凡淋

事件叙述：

甲午战争以后，各帝国主义国家掀起了瓜分中国的狂潮，中华民族已面临着亡国灭种的现实威胁。为挽救民族危亡，以孙中山先生为杰出代表的资产阶级革命派登上了历史舞台。

1905年8月，中国有史以来第一个资产阶级政党中国同盟会成立。在同盟会的领导下，资产阶级革命党人发动了一次又一次的推翻腐朽的清朝封建统治，建立资产阶级共和国为目的的武装起义，1911年4月爆发的黄花岗起义就是其中的一次。这些起义在不同程度上打击了满清统治，为后来武昌起义一举成功准备了条件。

清政府在《辛丑条约》签订后，完全成了帝国主义的走狗，成了"洋人的朝廷"。中国近代社会两大主要矛盾（即帝国主义和中华民族的矛盾，封建主义和人民大众的矛盾）的焦点都集中在清政府身上，只有推翻清朝的反动统治才能拯救民族。于是，从20世纪初年开始，革命就成了不可阻挡的历史潮流。资产阶级革命党人不断利用会党和新军发动武装起义。

1911年4月27日下午5时30分，黄兴率120余名敢死队员直扑两广总督署，发动了同盟会的第十次武装起义——广州起义。其中72人的遗骸由潘达微等出面收葬于广州东郊红花岗。潘达微并把红花岗改名为黄花岗，这次起义因而被称为"黄花岗起义"。

黄花岗起义是近代史上一次具有轻全面意义的资产阶级民主革命。它虽然失败了，但其伟大历史意义和功绩是不可磨灭的。黄花岗起义解放了人们的思想，促进了民主革命精神的进一步高涨，为中国人民民主革命事业开辟了前进的道路，传播了民主自由的思想。并且推动了亚洲的民主革命运动。

虽然黄花岗起义失败了，但无论如何，资产阶级革命党人用生命和鲜血献身革命的伟大精神却震动了全国，也震动了世界，从而促进了全国革命高潮的更快到来。起义在不同程度上打击了清朝统治，为后来武昌起义一举成功准备了条件。

选址：黄埔区长洲岛

黄埔区长洲岛是革命传承之地，也是风云变幻之乡。还留下了众多革命史迹，岛上重要革命遗迹资源成线，景区规模初现。长洲岛是黄埔军校的所在地，拥有万山海战纪念碑、东征阵亡烈士墓园、北伐纪念碑、长洲炮台、金花古庙等人文、历史遗迹和幽静怡郁的自然景观。长洲岛一共有26处中国近代革命遗址，这里的辛亥革命纪念馆、黄花岗烈士陵园、广州起义旧址纪念馆等形成一个展示中国近代革命历程的建筑群。
建筑面积：4000-5000平方米

陈列主题：

主要展示黄花岗起义起因、经过、发展。解放了人们的思想，促进了民主革命精神的进一步高涨，为中国人民民主革命事业开辟了前进的道路，传播了民主自由的思想。并且推动了亚洲的民主革命运动。陈列手法以幻灯片、装置、版面、遗物展陈为主。重在表现形式，以及氛围。

展览主线：

甲午战争以后，各帝国主义国家掀起了瓜分中国的狂潮，中华民族已面临着亡国灭种的现实威胁。主线以为了自由民主的社会主义制度为开端，推翻晚清民族的腐朽政策导致民族危机及及可危，资产阶级革命党人为推翻清朝的反动统治做出各种起义运动。其中以黄花岗起义为重要刻画，其中叙述起义过程以及失败背景，为今后辛亥革命做出的贡献。最后祭奠，纪念先烈。

展览大纲：

序厅：自由民主之门
一个风云变色的年代，一个起义不断的时期，资产阶级革命党人为了推翻千年以来封建社会主义制度，为打开民主，自由思想做出伟大的贡献。

第一章：晚清朝民族的危机
甲午战争以后，帝国主义敞起了瓜分中国的狂潮，中华民族已面临着亡国灭种的现实威胁。为挽救民族危亡，以孙中山先生为杰出代表的资产阶级革命派登上了历史舞台。

第二章：革命运动的蓬勃发展
从20世纪初年开始，革命就成了不可阻挡的历史潮流。资产阶级革命党人不断利用会党和新军发动武装起义。1910年2月，同盟会员倪映典率广州新军3000人起义，又遭失败。连续的失败，使少数革命人对前途失去信心，转而走上暗杀道路。只有孙中山等人在失败面前不气馁，对革命成功充满信心。他们决心在广州发动一次更大的起义，以此推动全国革命形势的发展。

第三章：卷土重来的计划（起义）
1910年11月13日，孙中山在马来半岛的槟榔屿召集赵声、黄兴、胡汉民、邓泽如等中国同盟会重要骨干会议，商量卷土重来的计划决定集同盟会精英，在广州起义，和清朝政府决一死战。

第四章：起义失败的各种原因。为今后的辛亥革命的成功准备。祭奠，纪念先烈。

结语：缅怀烈士，告诫后人。

建筑方案构思（平面）：

作为纪念馆类建筑，建筑以坡落式为主，包围中空。付予安静、澳灰材质颜色。黄花岗为中国人民民主革命事业作出了巨大的贡献，象征着革命者浩气以及刚毅。因此利用方正，对称为初始设计元素，室外采用柱式阵列为主，营造肃严庄静氛围。

推导过程：

元素 - 图形 - 组合 - 演变 - 完善

思维发散：

	缅怀			
纪念	警告	民族	积极	
	七十二英烈	起义	希望	
	腐朽	广州	发展	向上
动荡		**黄花岗起义**	小黄花	曙光
紧张	分裂	起义	浩气	黄色
悲惨	瓜分	危机	正气	方正
	块面	肃严	庄重	

学校：广东轻工职业技术学院/艺术设计学院　　指导老师：赵飞乐　尹铂　尹杨坚　　学生：颜凡淋

序厅：自由民主之门

这是一个革命运动的新篇章。
门—在中国古代文化既视为建筑物的脸面也是内外空间分隔的标志，是迈入室内的第一关和咽喉。所以作为序厅叙述，革命运动的开端，它的开启将带入风云变色的革命时期。

中庭： 历史纪念与文化传承如出一辙，也应该通从在创新的基础上保留原有文化。黄花精神、形象早已在人们根深蒂固，如何在保留原有的基础上推陈出新，正是纪念型设计的关键。

章节一：晚清民族的危机

腐朽、封建、束缚、民族的衰落，甲午战争后的不平等条约，软弱无能的清政府各种丧权辱国行为和事件。
帝国主义就像生锈的铁链束缚，腐蚀着昔日的苍天大树。

章节二：蓬勃发展的革命道路

此章节讲述的是蓬勃发展的革命道路，同盟会发动的各种武装起义。
空间表现主旨主要是由一个到多个的过程。从革命各种起义的（散）再（聚）到整个革命运动。利用间断让空间更具通透性，狭长的序言为接下来的大空间作铺垫。
聚与散为该章节的主要概念。中间矩形起到集中作用。

学校：中国美术学院艺术设计职业技术学院　　指导老师：赵春光　　学生：楼怡园　孙娇　张怡倩　董苏琼　张红柳

学校：广东轻工职业技术学院/艺术设计学院　　指导老师：赵飞乐　尹铂　尹杨坚　　学生：冯伟钊

憧憬

Archaeopteryx Concept store design
ARC'TERYX 始祖鸟旗舰店设计

品牌简介

顶级户外服装品牌

1989创立于加拿大

消费人群25岁至50岁为主

对新工艺和新技术近乎疯狂的追求

产品主要涉足于徒步、攀登和冰雪运动。

产品分析

始祖鸟的产品线涉及户外服装、背包和攀登护具。

始祖鸟品牌每个系列后面的字母代表不同的意思：
SV -Severe Use 向导级别
AR -All-Round Use 多用途
LT -Light 轻量
SL -Super Light 超轻量
MX -Mixed Use混合用途
SK -Ski Specialized滑雪专用
RT -Roltop卷口防水
M –Mountain登山用途
LS -Long Sleeve长袖设计
SS -Short Sleeve短袖设计

选址

根据的品牌定位，
广州市发展现状确定选址于
白云新城

始祖鸟的品牌定位为一线品牌。而白云新城作为广州一个即将兴起的一线商圈，具有非常大的升值潜力。白云新城毗邻白云山，也为登山人士提供一定的便利。

PART1　当地交通
地铁二号线飞翔公园与白云公园站之间，三纵四横的交通网络，云城东路、云城西路、机场路等主干道汇机场，火车站和中心城区相互连接

PART2　商圈潜力
众多巨头蜂拥而至，包括绿地、保利、中海、万科两大集团扎堆进驻，未来两三年内，白云新城将至少出现7-8家大型商业项目，其发展密度直逼珠江新城。

PART3　人流
核心区为围绕旧机场跑道周边地区，面积约2.79平方公里，而规划中的居住人口达18万，就业16万

学校：广东轻工职业技术学院/艺术设计学院　　指导老师：赵飞乐　尹铂　尹杨坚　　学生：冯伟钊

表皮：
专卖店的表皮设计主要借鉴了爱基斯摩人的冰屋肌理。保留其肌理跟透光性，演化成始祖鸟旗舰店的外表皮
冰屋就地取材是最自然环保的建筑之一。
虽然始祖鸟旗舰店做不到这样的环保，
但希望可以借此表达其意愿
同时希望引起追求自然的都市人的共鸣
从而促进销售

橱窗
橱窗背景为城市废墟，而前面的模特则涂上自然风景的油彩，
反映了现代都市人希望突破城市的枷锁，
回顾自然的一种美好
憧憬

平面图

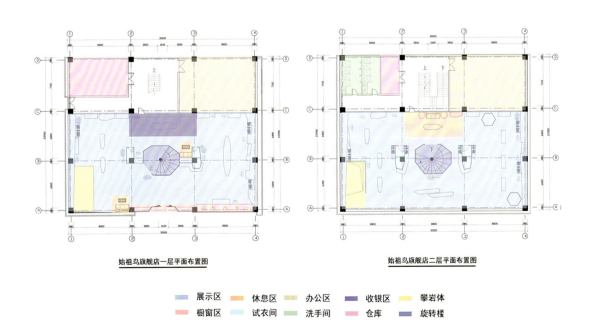

始祖鸟旗舰店一层平面布置图　　　　始祖鸟旗舰店二层平面布置图

展示区　休息区　办公区　收银区　攀岩体
橱窗区　试衣间　洗手间　仓库　旋转楼

学校：广东轻工职业技术学院/艺术设计学院　　指导老师：彭洁　　学生：陈彩筠

概念图片
Concept Photo

1 山间故事

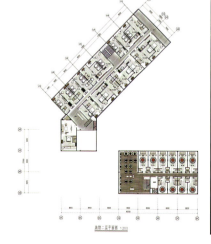

学校：江西环境工程职业学院设计学院　　指导老师：唐石琪　欧俊锋　郭雪琳　刘定荣　　学生：唐卓飞　温敏儒　王娜

主题西餐厅

西餐厅设计
Western restaurant design

设计说明　零碎的光感，透彻的幽涧，堆叠的石块，构成了大自然中一幅令人难忘的图画，"月出惊山鸟，时鸣春涧中"的惬意，如今在高度现代化的城市中，更显珍贵。通过对"幽涧"这一自然场景的空间要素提取，元素的提取，质感的提取，光感的提取，来营造一个自然舒适的就餐环境，在城市中犹如闹中取静

吧台区
卡座区
厨房区
卫生间
接待大厅
就餐大厅
餐厅包间
观景就餐区
露天就餐区
商务就餐区

一层平面布局路线图

学校：广东轻工职业技术学院/艺术设计学院　　指导老师：赵飞乐　尹铂　尹杨坚　　学生：黄泽填

黄花岗起义纪念馆

■ 风起云涌主题厅

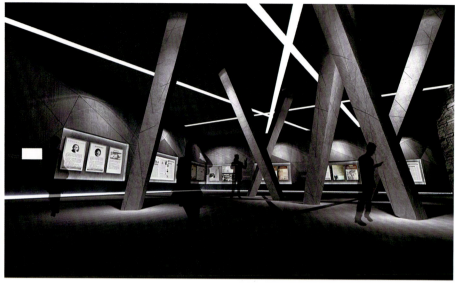

风起云涌主题厅：展厅主题为"风起云涌"。主要展示的是黄花岗起义前的动荡，整个空间以版面+空间气氛来表达。以折线的形式来映射出当时社会的动荡不安。

■ 羊城之义主题厅

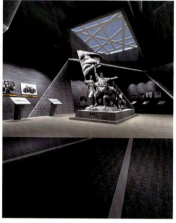

■ 浩气长存主题厅

浩气长存主题厅：主要作用是"缅怀先烈"，展厅展示内容运用了"还原经典的"的展示手法，再现黄花岗起义的英雄事迹。

光与空间

A-POC LIGHT
ISSEY MIYAKE 专卖店设计

同济大学 建筑与城市规划学院
蒋怡青
指导老师 林怡 冯宏

品牌介绍

三宅一生 (Issey Miyake) 的创始人 Issey Miyake 先生，1970 年在东京成立了三宅一生设计室。

三宅一生是伟大的艺术大师，他的时装极具创造力，集质朴、基本、现代于一体。三宅一生 (Issey Miyake) 似乎一直独立于欧美的高级时装之外，他的设计思想几乎可以与整个西方服装设计界相抗衡，是一种代表着未来新方向的崭新设计风格。

设计说明

本次设计是极具个性和创新精神的品牌 ISSEY MIYAKE 的服装专卖店，并试图用室内设计来体现品牌个性，创造出与品牌精神相通的专卖店。

设计的出发点来自于立体折纸，ISSEY MIYAKE 的服装具有空间感，二者具有相通之处。因此从立体折纸中得到空间的启发：虚、实的空间交错重复，并可以相互穿越，虚实空间之间过渡自然巧妙，无形中实现空间的转换，产生有趣而巧妙的体验。

因此设计概念就将折纸运用到店铺，以折纸的形态从沿街面一直延伸到内部，在翻折的过程中创造出空间的层叠。为了加强空间的透叠与层次，对折板采用了洗墙灯均匀照明，为空间提供足够一般照明照度的同时强调出了空间折叠的韵律。半透明的材质发出柔和的光，为专卖店增添了朦胧诗意的气氛。空间的整体色调素净，突出 ISSEY MIYAKE 服装绚丽个性的色彩。

日本式的关于自然和人生温和交流的哲学

"百料魔术师"：大色块的拼接面料来改变造型效果，格外加强了作为穿着者个人的整体性

设计概念

折纸风格的时装

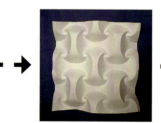
立体折纸空间：虚实、层次、流动

主要光源分布

形态引导与光线引导结合，模糊了空间的界限，营造出富有层次的商业空间购物氛围。

学校：同济大学建筑与城市规划学院建筑系　　指导老师：林怡　冯宏　　学生：蒋怡青

区域分布

▲ 整体灯光效果图

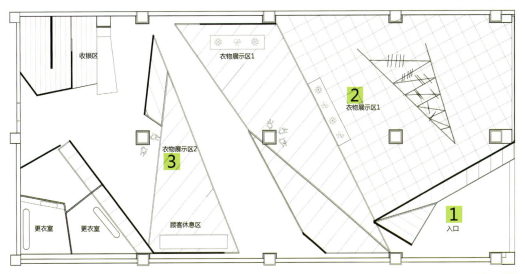

▲ 平面图

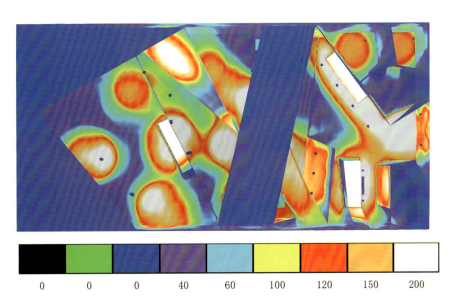

学校：同济大学建筑与城市规划学院建筑系　　指导老师：林怡　冯宏　　学生：蒋怡青

服装店灯具布置——1 入口

▲1- 入口灯光效果图

◀伪色图

　　为了将顾客自然的引入店内，设计中对入口做了特殊的处理，灯光配合斜墙对人进行引导，并配合空间的层次变化而改变。灯光由均匀的洗墙灯转变为聚光灯，是对顾客心理的暗示和兴趣引导，半透明的入口材质在灯光的衬托下营造出朦胧的美感。

ERCO 22419000 Lightcast Washlight 1xQT12-ax-LP 75W
产品编号：22419000
光通量：1575 lm
瓦数：75.0 W
灯具的分类根据 CIE：100
CIE Flux 代码：86 98 99 100 65
配件：1 x QT12-ax-LP 75W（修正系数 1.000）.

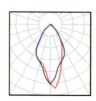

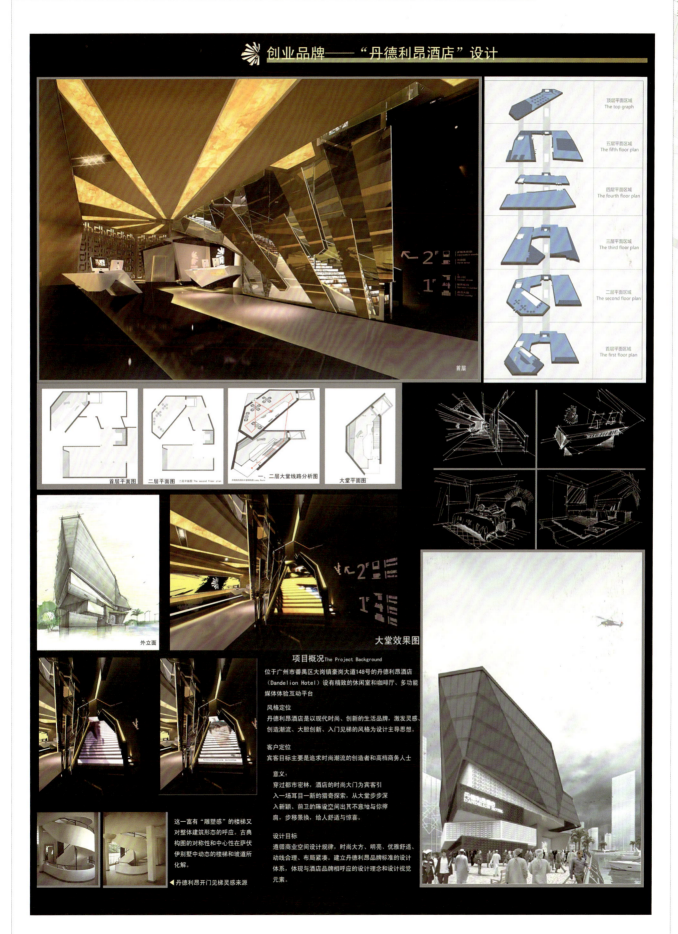

创业品牌——"丹德利昂酒店"设计

学校：广州大学美术与设计学院　　指导老师：雷莹　　学生：龙振霏　李苑雯

房间内都配有液晶电视、宽带、空调等设施。人性化体贴的格局、干净整洁的白色被褥，交汇出一幅温暖如家的温馨空间

液晶电视，个性化、时尚的装饰风格是宾客商务、出差、旅行、居住的理想选择。

与一般五星酒店客房不同的是，丹德利昂酒店的镜面设置在睡床右侧，带出房间空间的纵深感。

伸拉式床——独特而有趣的体验。布局大气简约服务个性温馨，每间客房都是一个精致多彩、个性鲜明的空间。

赖特说："有机，即整体"而局部包含于整体，整体又归于局部

丹德利昂酒店设计并不是一味追求模仿自然，而在于运用自然存在的理念，把自然元素融于建筑整体。

透过蒲公英的花籽把设计的理念和酒店的宗旨"飘散"开去。

黑、白二色营造出强烈的视觉效果，而把灰色融入其中，缓和黑与白的视觉冲突感，从而营造出另外一种不同的风味

在这种色彩情境中，会由简单而产生出理性、秩序与专业感，是非常现代派的自然质朴风格

配上丹德利昂酒店logo的鹅黄色调，更显清新、鲜嫩，代表着新生命的喜悦

点评：用视觉"起点"突出空间结构元素，创造空间的秩序感；光影表达一种气氛、一种呼吸、一种纠结、一种形而上。

霍尔说：在光成为语言的时刻，语言成为一种光线的形式。浸渍在大量的光线中，明亮的空间就如同梦境。短暂的强烈感觉点燃了直觉。

城市地平线之光
LIGHT STREAM FROM THE HORIZON

学校：同济大学建筑与城市规划学院建筑系　　指导老师：林怡　　学生：戴菊人 等

中国环境设计学年奖　银奖

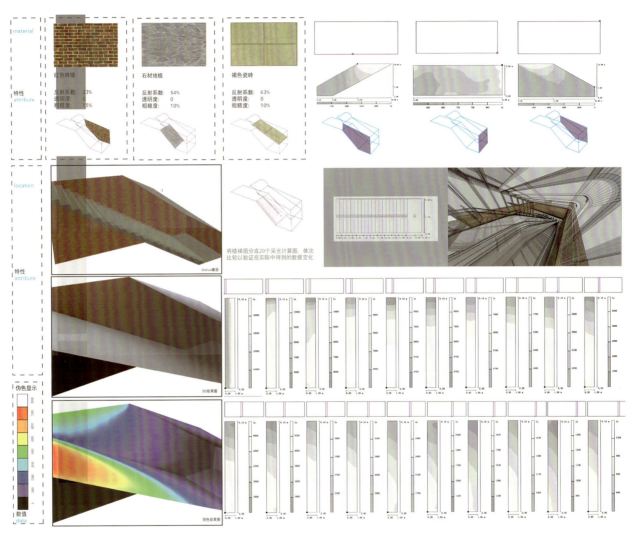

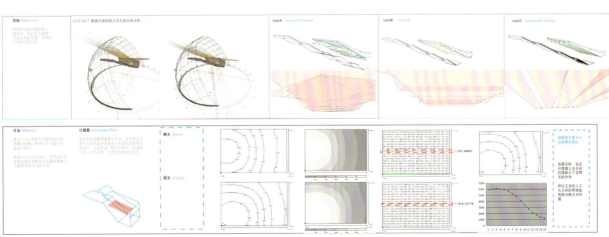

城市地平线之光
LIGHT STREAM FROM THE HORIZON

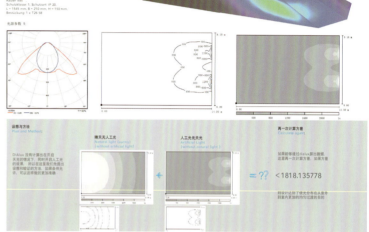

光与空间

中国环境设计学年奖

银奖

学校：长春理工大学艺术设计系　　指导老师：包敏辰　梁旭方　刘绍洋　林立　高婷　　学生：陈建明　刘香均　房海峰　肖祎　武捷

TIMBER 味之树

Western Restaurant Design
——西餐厅方案设计

01

■ 设计背景
面对高速发展的社会经济和人民生活水平，人们对吃不仅要求要吃得好，更要吃的过程好，吃的环境好，所以餐厅设计一定要创新的结构造型中与时代技术的发展紧密相连。西餐厅装修设计的时候一定要突出他的休闲性质，给人以轻松明快的感觉，西餐厅装修设计着重表现其清新、明净、高雅时尚之余，亦强调其别具匠心的现代环境。

■ 灵感来源
本次方案设计的题目：《味之树-西餐厅方案设计》，采用了以人为本的原则。一切都以满足使用者的生理和心理，物质和精神的需要为标准，充分体现了人性设计的理念。本着节约资源、能源和可持续发展的原则建造的。所以在建筑设计上更加注重新型建材的运用。在很大程度上保护了环境，有利于可持续发展，更加符合绿色、环保的设计理念。所以本方案结合大自然树的形态去完善整个空间，采用大量的直线和简单的形体元素，给人的感觉舒适、魅力、自然、妩媚。通过独具匠心的建筑外立面设计、材质的巧妙运用，以及多元化的表现手段，将森林的概念成功注入这样一个硬质空间，获得了良好的视觉和感言效果。就外观而言，整个餐厅的主体被笼罩在仿照树形设计的镂空外壳中，创造了一个过滤光阴的界面，树的元素被放大和戏剧化，通过灯光璀璨的内部空间仿佛掩映在婆娑的树影之间，若隐若现，引人入胜。

■ 地理位置
广州二沙岛

■ 周边环境分析
广州为一个国际化都市，生活节奏快，压力大，生活环境拥挤。

二沙岛作为广州市海珠区的文化休闲带，毗临珠江，休闲的环境与一江之隔的市中心构成鲜明的对比。

设计概念　　设计定位
味之树

味，滋味也。——《说文》
枯藤老树昏鸦，小桥流水人家，古道西风瘦马，繁杂的背后是多么令人向往的蓝天，以此为切入点进行设计，选取树的凝静，这一自然场景为概念，营造安静的意味。

关键词：现代　自然　舒适　静谧
人群定位：年轻时尚白领
空间特点：空间氛围和光影层次感，以树木为主题
品牌定位：休闲类主体西餐厅空间，提供的是一个高雅时尚的聚天场所，本着设计师的主题设计理念，给客人一种与众不同的感受和氛围。

原始平面图

一楼平面布置图

一楼地砖铺设图

二楼平面布置图

■ 概念空间分析

被茂密树林打碎的光，疏漏的空间感

植物沿水流两岸生长，形成曲折通幽的空间感

地形的高低错落形成的空间感

■ 概念元素提取

树枝、石头、鸟等象征性物件的运用

学校：长春理工大学艺术设计系　　指导老师：包敏辰　梁旭方　刘绍洋　林立　高婷　　学生：陈建明　刘香均　房海峰　肖祎　武捷

■ 树底下的惬意

通过天花的吊灯，与吊灯上的花纹的处理，吊灯的特别效果的灯具组合，营造了一个在大树底下就餐的空间感受。吊灯周围大树围绕，把树的元素带到我的餐厅。树底下吊着小鸟。那正是夜晚来临之际小鸟赶回窝里的情景。而在就餐的你，无比的惬意。

餐厅整体风格定位于现代简约，首先体现在墙体、隔断等大色块的选择上。为保持该风格餐厅内家具配置选择较清新、淡雅的色彩；墙壁上注意添加适当装饰，餐桌设计与整体风格吻合的小摆件。灯饰设计上汲取森林中的树的元素，使之与墙壁的装饰和餐桌的摆件互相搭配，营造出绿色和生命的感觉，由森林这个元素营造出的意境，在这个喧闹的世界里展现了一幅自然美景。

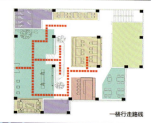
一楼行走路线

二楼行走路线

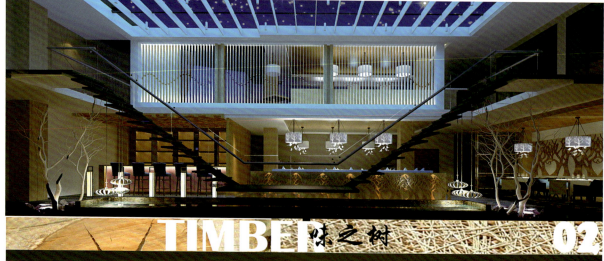

TIMBER 味之树 02

■ 西餐厅的概念设计

味之树-西餐厅方案设计。在设计过程中强调崇尚自然的设计，注重"道法自然"，要求依照大自然所启示的道理行事，而不是模仿自然。设计师应与自然一样地去创造，一切概念意味着与基地的自然环境相协调，使用木材等天然材料，考虑人的需要和感情。通过对材料的环保、简洁的选择，打造出"特色现代餐厅"。以树的简单形体元素，来表现餐厅的建筑风格和装饰艺术，以及特定的文化氛围，使进入此地的人们感受到扑面而来的清新气息。

通过独具匠心的室内设计，材质的巧妙运用，以及多元化的表现手段，将森林的概念成功注入这样一个硬质空间，获得了良好的视觉和感官效果。就外观而言，整个餐厅的主体被笼罩在仿限树形设计的镂空外壳中，创造了一个过滤光明的界面，树的元素被放大和戏剧化，让灯光璀璨的内部空间仿佛掩映在婆娑的树影之间，若隐若现，引人入胜。

西餐厅设计方案主要围绕安静浪漫的气氛抑或是西方特有的一些主题去设计，西餐是一种迥然不同于我国饮食文化的舶来品。根据各类就餐人群的层次及需求通过艺术的表现手法赋予各个饮食空间以各自不同的视觉感受与属性，通过饮食的过程让设计的环境与氛围给客人以轻松愉悦。高雅、恬静、并赋予传统气息，是西餐厅设计的宗旨。在设计中调用光、影以及配景、植物等表现手段来增强空间主题对人所产生的温馨与浪漫。

点评：该方案为餐饮空间，整体风格简约现代，以树为主题展开设计。室内灯光错落有致，冷暖对比鲜明，空间造型与色块分割也细致入微遥相呼应。此外，硬铺与软装的搭配很是别致。婆娑树影之间，引人入胜。

学校：沈阳师范大学环境艺术设计系　　指导老师：白鹏　荆福全　赵宇南　　学生：任大鹏

一个完美的灯光效果，是由多种灯光构成要素的完美结合而产生的光影空间，是光、物、影的结合，是各个空间的综合。我们力求充分的把控整个设计空间的多种因素，创造出富有艺术感染力和视觉震撼力的光影空间。

Design of The Inn Boutique
光演绎的空间

设计理念 The design concept

光——作为酒店空间的重要表达元素，不仅仅是为了满足功能上的需求与照明，还要满足客户的心里需求与感受。在满足基本功能与照明的同时，我们应该更多的去思考去探索，什么样的灯光更适合这个空间。

Light as an important expression of hotel space element, not just to meet the functional requirements and lighting, but also to meet the customer's needs and feelings of the heart. To meet the basic functions and lighting at the same time, we should be thinking more areas to explore, what kind of lighting is more suitable for this space.

设计说明 Design notes

本案例为打造一个时尚精品酒店，运用大量曲线型的设计，来营造一个灵动的空间感觉。在材料上，也使用了一些原生态的木材、石材，以烘托出一个更加亲和环境，让人们能沉浸在美轮美奂的酒店空间中。

In this case, to create a fashionable The Inn Boutique, designed by the use of large curved, to create a smart space feeling. In the material, also usedSome of the original ecological wood, stone, in order to make a more warm environment, let people immersed in the magnificent; ornate; fascinating Hotel space.

1

Design source 设计来源

学校：长春理工大学艺术设计系　　指导老师：包敏辰　梁旭方　刘绍洋　林立　高婷　　学生：倪盛岚　杜延华　吴志文　周义　张星星

边城——湘西民俗文化展览馆设计

1　民间戏曲展厅　　2　休息厅
3　休息厅　　　　　4　民间戏曲展厅

点评：该方案为展览空间，是一次现代设计语言对古文化的全新演绎。空间中运用了湘西民俗文化中的石墩、天井、门窗装饰以及荷塘等元素作为创作手法，很好地展示了湘西民俗文化的韵味与魅力。

学校：广东轻工职业技术学院/艺术设计学院　　指导老师：赵飞乐　尹铂　尹杨坚　　学生：冯伟钊

中国环境设计学年奖　铜奖

光与空间

憧憬——始祖鸟旗舰店设计

 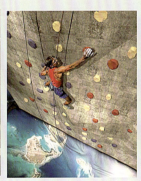 

 一二层攀岩用品区 ▲

 攀岩用品区：用银漆枯枝制灯棒投射营造一种失去生机的意境空间

 雨林用品区：光棒模拟树影营造一种丛林阴郁恐怖气氛

 冰雪用品区：以透明亚克力营造一种冰封雪的假象

▶ 雨林用品区

展示102　冯伟钊

指导老师：尹铂　尹杨坚　赵飞乐

223

学校：广州美术学院教育学院展示设计系　　指导老师：黄锐刚　童小明　　学生：李真勇

国家非物质文化遗产 / National intangible cultural heritage

一、前期调研分析

1. 关于湛江人龙舞 About Zhanjiang Dragon Dance

湛江人龙舞简称龙舞，是一种在节日喜庆场合表演的民间舞蹈形式，2006年经湛江市申请成为国家非物质文化遗产。"人龙舞"在湛江市多个区域占有主流民俗地位，素有"东方一绝"之美称。

人龙舞，堪称雷州半岛民间舞蹈之魂，其节奏鲜明，鼓点强劲，气势雄伟，催人奋进，雷州半岛现有东海岛人龙舞和沈塘人龙舞，沈塘人龙舞（原始型）源于清嘉庆年间（1523年），沈塘村民为庆祝当地官宦陈仕恺新建沈塘圩而始创人龙（陈仕恺公乃进士出身，富甲雷阳，御诏赴安徽省灵璧县任丞署知县，秋满该舞蹈已被录入《中国民族民间舞蹈集成》(广东卷)，正在积极申报扩展为广东省非物质文化遗产保护项目。

2. 设计意义 Design significance

民族文化的流失和地方文化特色的衰退深表遗憾，希望能通过人龙舞文化博物馆的载体宣传人龙舞民俗文化，借此呼吁大家尊重以及保护传承民族文化遗产！

3. 建筑选址及周边环境 Construction site and the surrounding environment

所属地区：广东·湛江
建筑选址：湛江霞山区观海路
建筑占地：85000*40000
建筑结构：框架结构
建筑材料：混凝土、石材幕墙、钢架玻璃幕墙
　　　　　金属、非金属板材、粗糙面砖/陶板

湛江人龙舞文化博物馆坐落在海滨公园湖畔，同时位于霞山观海长廊G段的源头。

二、中期概念推演

1. 建筑设计构思 Architectural design concept

博物馆与周边海岛环境结合，通过几何直线与不规则形态，构建一种理性的、有序的、富有变化的建筑外立面效果；博物馆广泛采用钢架玻璃幕墙使建筑显得更活泼生动，同时有利于观海休闲的意义。

同时建筑充分采用人龙舞舞姿形态的艺术意象抽离，构建建筑形态，充分体现人龙舞文化的地方特色。

龙舞源——湛江人龙舞文化博物馆外立面

学校：广州美术学院教育学院展示设计系　　指导老师：黄锐刚　童小明　　学生：李真勇

光与空间

中国环境设计学年奖

铜奖

05 互动体验展区

主题意义： 体验龙舞者们不可战胜的群体力量和聪明才智，感受极浓厚的乡土气息和海岛魅力。
展示方式： 人机互动
主要展品： 幻影成像、声光电合成技术、仿真复原电子多媒体、电视墙、灯箱等制作人龙舞文化互动艺术装置。

互动展厅装置图解

红外线灯灯光感应装置

多媒体显示频

压力传感装置

06 民俗特色展区

主题意义： 人龙舞纳入龙的精神，融进人的气脉，注入海的风格，形成了自创一体、独具一格的龙舞表演形式和"人龙"精神。
展示方式： 民俗场景模拟
主要展品： 石牌、人龙舞艺术雕塑壁画、多媒体展台

07 多媒体展区

主题意义： 旨在通过艺术影视作品，全面地介绍湛江人龙舞独特的艺术风格和时代传承与发展。
展示方式： 传媒和音像效果设计（无体物的信息传播）
主要展品： 湛江人龙舞文化艺术影视作品

225

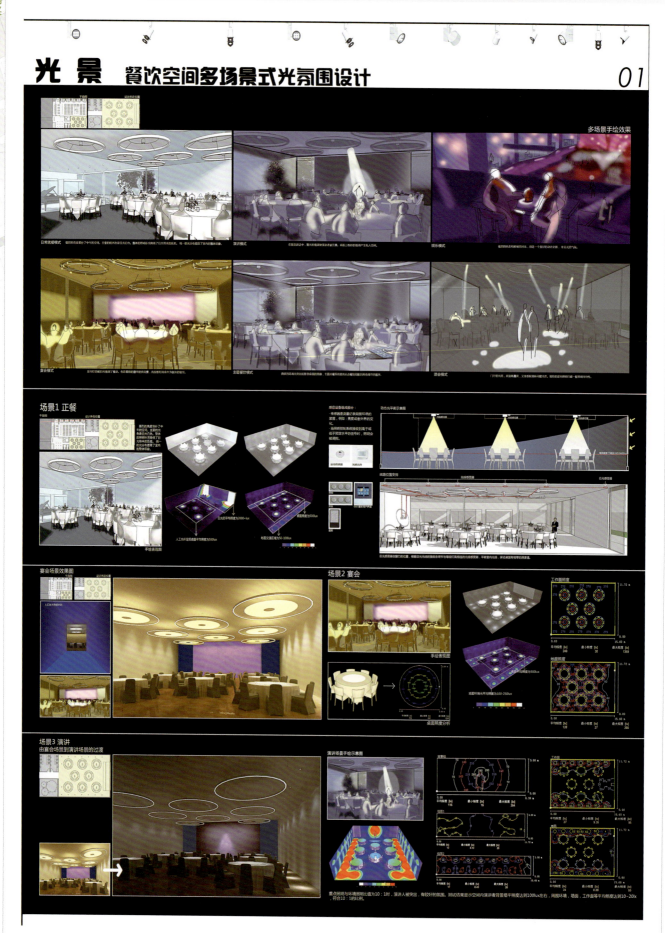

学校：长春理工大学艺术设计系　　指导老师：包敏辰　梁旭方　刘绍洋　林立　高婷　　学生：吴志文　廖卫明　刘香均　武捷　闫召夏

食客·空间

人们在追求理想的世界中.心事疲惫.食客.此时此刻.什么样的餐厅时他们最期望的？

People in the pursuit of an ideal world. Tired mind. Diners., At this very moment what kind of restaurant they are most desired?

点评：该方案为餐饮空间，餐厅以非线性的设计语言向大家展示了一个流动、极具创意的就餐空间。此外，餐厅以绿色和白色象征了健康、生态以及环保。前卫的设计理念及合理的设计分析让我们感觉到设计的无限可能性。

图书在版编目(CIP)数据

中国环境设计学年奖 第十一届全国高校环境设计专业毕业设计竞赛获奖作品集/中国环境设计学年奖组织委员会编．—北京：中国建筑工业出版社，2013.11
ISBN 978-7-112-16040-2

Ⅰ．①中… Ⅱ．①中… Ⅲ．①环境设计－作品集－中国－现代 Ⅳ．①TU-856

中国版本图书馆CIP数据核字（2013）第253500号

责任编辑：张　晶
责任校对：肖　剑

中国环境设计学年奖
第十一届全国高校环境设计专业毕业设计竞赛获奖作品集
中国环境设计学年奖组织委员会　编
＊
中国建筑工业出版社出版、发行（北京西郊百万庄）
各地新华书店、建筑书店经销
北京嘉泰利德公司制版
北京方嘉彩色印刷有限责任公司印刷
＊
开本：880×1230毫米　1/16　印张：15　字数：456千字
2013年11月第一版　2013年11月第一次印刷
定价：128.00元
ISBN 978-7-112-16040-2
　　　（24816）
版权所有　翻印必究
如有印装质量问题，可寄本社退换
（邮政编码 100037）